# 蒙古包住居原型现代转译

白丽燕 著

中国建筑工业出版社

图书在版编目（CIP）数据

蒙古包住居原型现代转译/白丽燕著. —北京：
中国建筑工业出版社，2021.12
ISBN 978-7-112-26977-8

Ⅰ.①蒙… Ⅱ.①白… Ⅲ.①蒙古包—居住建筑—建
筑设计—研究 Ⅳ.①TU253

中国版本图书馆CIP数据核字（2021）第263766号

本书旨在探析蒙古包住居原型的转译因子，并构建其现代转译框架，最后
完成蒙古包住居原型在文化、功能与建造三个层次上的现代转译和实验性设计
研究。本书适于建筑学、设计学及相关专业工程实践和学术研究参考阅读。

责任编辑：杨　晓　唐　旭
版式设计：锋尚设计
责任校对：王　烨

**蒙古包住居原型现代转译**

白丽燕　著

*

中国建筑工业出版社出版、发行（北京海淀三里河路9号）

各地新华书店、建筑书店经销

北京锋尚制版有限公司制版

北京京华铭诚工贸有限公司印刷

*

开本：787毫米×1092毫米　1/16　印张：10　字数：188千字

2022年2月第一版　　2022年2月第一次印刷

定价：**98.00**元

ISBN 978-7-112-26977-8

（38776）

本书根据作者博士论文《基于扎根理论的蒙古包住居原型现代转译研究》修著。

在社会转型期间，内蒙古地域蒙古族牧民的生产方式由游牧向轮牧或定牧转变，致使该地区正面临着"传统游牧建筑蒙古包的住居文化在当代牧区定居生活中是否需要传承，传承什么，以及如何传承"的问题。这是广义建筑学范畴中"传统建筑文化现代传承"的议题，同时也是社会学领域中"弱势群体遭遇生存危机时环境支持力"的问题。建筑人类学家拉普卜特先生认为，被动短期的生产生活方式的突发性改变会使少数族群处于"弱势群体遭遇生存危机"的困境之中，而这需要较强的环境支持力才能渡过。本书站在住居使用者的角度来探讨在生产方式过渡时期适宜蒙古族牧民当下生活的蒙古包定居形态。

首先，本书以蒙古包住居原型为研究对象，探讨存在于蒙古族牧民"集体无意识"之中的住居需求，并通过文献研究与田野调查相互印证的方法，完成对蒙古包住居原型转译因子的探讨，由此明确传统蒙古包住居文化是什么，以及传承什么。而后，将转译因子与现代建筑理论进行耦合，完成对转译指向的探讨，即如何传承，并进行对蒙古包住居原型现代转译框架的构建。最后，完成蒙古包住居原型在文化、功能与建造三个层次上的现代转译，并基于转译结果进行一系列实验性营造方案与设计方案。

本书试图提供一个以"传统住居原型解析——现代转译理论架构——现代转译设计研究"为研究流程的研究理论框架，从而为由于生产方式转变而处于生存危机的族群提供一个适宜的建成环境设计的方法，以期为保持世界住居文化多元传承提供一种思路，贡献一分力量。

# 目 录

## 第 1 章

绪

论

"游牧"到"定居"生产生活方式的短期改变，属于弱势群体遭遇文化突变而引发的生存危机，需要较强的环境支持力。

## 1.1　研究缘起

在社会转型期间，内蒙古地域蒙古族牧民的生产方式由游牧转向轮牧或定牧，传统游牧建筑蒙古包的住居文化在当代定居牧居生活中是否需要传承，传承什么，如何传承。这是广义建筑学范畴中"传统建筑文化现代传承"的议题；同时，也是社会学领域"弱势群体遭遇生存危机的环境支持力问题"。建筑人类学家拉普普特先生认为，这种政策性的从游牧到定居，被动短期的生产生活方式的突发性改变，使少数族群处于"弱势群体遭遇生存危机"的困境，需要较强的环境支持力才能度过；在这种境况下，建筑设计研究能够做些什么，如何入手工作，都是需要研究的问题。对此需要多学科、多角度地切入认知，共同协作才能解决问题。

本书以社会学、人类学作为切入点来发现问题，解决建筑学领域的问题。基于问题的独特性，借助扎根理论这一社会学质性研究方法，扎根于现状与尽可能全面的数据资料构建理论框架；并将建筑学主观视角切换到住居学他者视角，希望能更加客观全面地探究使用者的需求。同时借鉴建筑类型学方法，以蒙古包住居原型为研究对象，探讨存于蒙古族牧民集体无意识中的住居需求。解析蒙古包住居原型是什么，原型中所包含的无形生活方式和现代可能呈现的有形适宜空间形态是什么。

## 1.2　概念界定及相关探索

### 1.2.1　概念界定

#### （1）蒙古包

蒙古包意指蒙古族牧民居住的圆顶帐篷，用毡子做成。《黑鞑事略》中涉及的穹庐曰："穹庐有两样：燕京之制，用柳木为骨，正如南方罝罳（即挂帘），可以卷舒，面前开门，上如伞骨，顶开一窍，谓之天窗，皆以毡为衣，马上可载。草地之制，以柳木织成硬圈，径用毡挽定，不可卷舒，车上载行，水草尽，则移，初无定日"[1]。本书所提及的蒙古包是牧民居住的装配式房屋，适于牧业生产和游牧生活，其既是住居的物质、空间载体，也是蒙古族牧民精神世界的载体。

（2）住居

本研究中的住居是一个广义的概念，包含以居住为核心的生产生活与行为，包括个体居住、家庭居住、社会居住以及所构成的居住环境，将建筑学主观视角切换到住居学他者视角，希望能更加客观全面地探究使用者的需求。

（3）原型

原型（Prototype）概念是由18世纪的瑞典植物学家卡尔·冯·林奈提出的，并在植物学领域对"原型"进行了阐释。到19世纪瑞士心理学家荣格在心理学领域对"原型"进行了拓展，荣格认为，每个人内心深处都有来自于远古祖先的原始意象，它作为一种"集体无意识"共同存在于全世界人的记忆中。其内容不是个人的，而是集体的，是历史在"种族记忆"中的投影，这种原始表象（Primordialimage）荣格称之为原型，也就是所谓的"集体无意识"。

20世纪60年代，意大利的新理性主义建筑师阿尔多·罗西将"原型"引入建筑学领域，进而促进了"建筑类型学"的发展。按照荣格"原型"理论，建筑类型学中的原型是建筑在漫长的历史发展过程之中沉积在人类内心深处的原始意象，是某类建筑形态的单一永久凝固，它潜藏在人们的"集体记忆"之中，作为个人先天所具备、普遍存在于每个人记忆当中的外在具体表现，在人的意识、精神上总是可以被感知的，其作为一种基本原则，决定着建筑的形态。"原型"是人们的集体记忆，它既具有纵向（历时）历史文化传统的寻根倾向，也具有横向（共时）特定地域文化特征的寻根倾向，其可以是实体的，也可以是文化的，并深深扎根于人的头脑之中，成为一种社会性潜意识，具有长久的生命力。文中原型特指在建筑类型学研究中借用心理学研究领域的专有名词。

（4）现代转译

研究使用"原型转译"而非"原型还原"，其原因是蒙古族牧民的生活方式已经由游牧转变为定居，因而所探讨的牧民住居形式，不是当代游牧住居，而是当代定居的住居形态。所谓原型转译，是指不再偏重于游牧建筑可迁徙方面的特性，而是着重于住居文化特性的传承，也就是强调通过设计研究，回应牧民们潜在的文化认同和情感归属方面的需求。

现代转译作为一种方法论，不仅在语言学中具有自身价值，且其内涵可以引申为从一套表意系统按照某一媒介转变为另一套表意系统的过程。而本书的转译，即类型转换，是从元设计到对象设计的过程，是超过了形态认知层面的生成过程，是以现代建筑还原对象原型所对应的生活方式和空间形式。

此处强调转译，因为生产生活方式发生了根本性变化，即由游牧到定居—定牧—轮牧，以及家庭旅游的介入。

### 1.2.2　相关理论探索

#### （1）历史沿革与谱系研究

住宅设计创作的源泉主要来自于广义的生活，因此对于生活史的研究则是一个不可或缺的视角，其有助于对现代生活的理解[2]。而蒙古包作为游牧民族的传统住居形式，其特殊性在于蒙古包的形制与游牧民族生产生活方式有着极为密切的关联，因此本小节笔者以史料为基础从蒙古包历史沿革以及谱系研究的角度来分析历时性状态下的蒙古族住居生活习惯，以此为当代蒙古族生活研究奠定基础。

住居生活习惯是一个历时性的过程，其或源于原初的生产生活方式，或源于族群部落的集体信仰，但不可否认的是，历经千百年的传承与演化，其最终会极大地影响当代的生活方式，由此可见以住居生活史的视角来剖析史料中游牧民族的生活习惯对于当代蒙古族住居生活研究有着重要的意义。而最早对于毡帐类住居的文献记载可追溯至春秋战国时期的《左传》，而毡帐类住居的起源则可以追

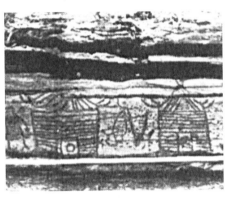

图1-1　岩画中的毡帐

（资料来源：*Problems of the History of the Dwellings of the Steppe Nomads of Eurasia*）

溯至更远的时代，如美国学者Vainshtein在其文章 *Problems of the History of the Dwellings of the Steppe Nomads of Eurasia* 中探讨生活于欧亚大陆草原游牧民族的民居历史沿革时，便强调游牧民族的毡帐历史悠久，并认为蒙古包是由棚屋经过改造发展演变而来的，其起源问题不仅具有独立的意义，而且与游牧民族文化史的一般问题密切相关[3]。蒙古包及其前身形态在国内外古籍文献中有多处言及，常以游牧民族的居住特征来加以记述，如以"穹闾""穹庐""毡帐""毡庐""庐帐""旃毡""氈帐""旃廯""幕"或"穷庐"等字眼出现，从史料中对其过去的居住生活的记载也可见一斑。如《北史·列传第八十四》中记载"庐帐而居，以肉酪为粮"[4]；《南史·列传第六十九》："杂以百子帐，即穹庐也"[5]；部分史料则对毡帐类住居中的生活的记载行为进行了记录，如《史记·匈奴列传》中记载："汉使曰：匈奴父子乃同穹庐而卧。"《演繁露》中记载："唐人在婚礼中，多用'百子帐'，盖其制本出塞外，特穹庐、拂庐之具体而微耳者。"[6]部分文献对穹庐的形制、建造方式以及日常的使用与生活方式进行了记载，如《新唐书·列传第一百四十四》："居氈庐，环车为营。"[7]

《盐铁论》："织柳为室，旃廯为盖。"[8]《太平广记》中记载："穷庐为帐，毡为墙。"[9]《黑鞑事略》中则记有"穹庐有两样：燕京之制，用柳木为骨，正如南方罝罳（即是挂帘），可以卷舒，面前开门，上如伞骨，顶开一窍，谓之天窗，皆以毡为衣，马上可载。草地之制，以柳木织成硬圈，径用毡挽定，不可卷舒，车上载行，水草尽，则移，初无定日"[1]。

从上述史料分析中可以看出，北方游牧民族出于生产方式的制约而多选择居无定所的游牧生活，这便使得一家人的生产与生活皆与蒙古包紧密相连。一家人同住于这一单一空间体之中，故而围绕着这个小小的住居单体便产生了诸多的民俗禁忌，而这些民俗禁忌在定居后的今天，仍在影响着蒙古族的当代生活。同时在对史料中关于游牧民族生产生活记载的分析也可以看出，蒙古包具有极强的适应能力，其形式的可变性与易操性使得蒙古包可以应外界气候的变化而发生适应性的改变，这为当代蒙古包住居原型的转译研究提供了可持续视域的研究视野。

宅形的发展同样是一个历时性的过程，在没有外在因素的强力干预下，宅形的发展往往呈现为一种稳定演化的沉淀过程，因此通过对蒙古族建筑谱系学的梳理研究可以对其演化过程进行实证复原，同时通过与住居生活史的对比也可看出宅形演化过程与生活习惯变化之间的关联，进而为定居后蒙古族合理住居形态的推测提供研究基础与研究视野。

张彤在其硕士论文《蒙古包物质文化研究》中，利用历史学、考古学的理论方法，对蒙古包的起源与发展演变进行了剖析。张彤认为蒙古包形制的发展经历了由简易锥体演进为圆形拱顶帐幕类这一过程，而从斜塔式窝棚向带有哈那状围壁的蒙古包式过渡，是毡庐发展演进中的决定性步骤，这可能与当时由于生产方式发生转变而产生的迫切需求以及人口增长等因素有关[10]。阿拉腾敖德在其硕士论文《蒙古族建筑的谱系学与类型学研究》中通过其对于我国内蒙古地区以及蒙古国等地的实地调研、对一手蒙古文献的梳理与总结，对北方游牧民族自古以来所使用的各类建筑进行相对完整的梳理与分类，从而完成了其基于谱系学与类型学对于蒙古族建筑的类型梳理。阿拉腾敖德认为自旧石器时代起，蒙古高原先后经历了狩猎、游牧与定牧三种文明形态，同时高原先民住居形式的演化与发展也经历了由"穴居""棚屋"至"穹庐"，再到各式"毡帐"的过程[11]。阿拉腾敖德通过对各时期游牧民族住居类型的梳理，总结并完成了"毡帐"的谱系与演化脉络图，其将"毡帐"的发展进程细分为7个时期，分别是蒙古包高原狩猎文明早期、中期、晚期，蒙古高原游牧文明早期、早中期、晚中期、晚期。梳理完成了"毡帐"发展的3个系列，分别为卡尔梅克系毡帐、突厥系毡帐以及蒙古系毡帐，共计 19 种"毡帐"住居类型。

从对蒙古族建筑谱系学研究的梳理中可以看出毡帐类建筑形态的演化往往伴随着生产方式、生存环境的改变以及文化的交融。由此可见，当外界环境发生改变时宅形也会发生相对应的适应性调整，但在这一过程中其民族文化的核心要素却很少发生异变，这与拉普卜特先生描述的宅形的确定以"文化因素"为首要影响因素，其他因素为次要因素或修正因素的观点相符合。同时对于不同阶段、环境中毡帐类建筑形态的分析、研究也为当代定居后蒙古包住居在不同环境下转译的多样性提供了研究的基础与方向。

### （2）建造方式与构造特征研究

传统住居的建造方式与构造特征反映了一个地区风土环境的"个性"，也是该地区人民千百年所形成的自然意识与社会意识的结晶，并承载着一定的民族情感。通过对传统建造方式与构造特征的梳理来剖析存在于其中的民族营建文化的内核，进而指导蒙古包住居原型现代转译过程中的构造形态与建造方式的选择问题。

对于北方游牧民族的传统住居各式毡帐的建造方式在大量的古籍文献中皆有迹可循，如《多桑蒙古史》对蒙古包的描述："所居帐结枝为垣，形圆，高与人齐。上有椽，其端以木环承之。外覆以毡，用马尾绳紧束之。门亦用毡，户向南。帐顶开天窗，以通气吐炊烟，灶在其中。全家皆处此狭居之内"[12]。《鲁不鲁乞东游记》："他们的帐幕以一个用交错的棍棒（这些棍棒以同样的材料做成）做成的圆形骨架作为基础"[13]；通过对上述毡帐类建筑建造方式的记载可以看出，蒙古包是极具生态可持续性的传统住居，其建造所使用的构件皆可再生，且建造方式与游牧生活极为契合，可瞬时而成，突显出蒙古包易拆装、易运输的特性，同时家族全体皆可参与到建造过程之中。

内蒙古大学的马冬梅、任玉凤在《蒙古包建筑：生活技术和文化符号》利用民族学和建筑学的视角对蒙古包的建构和文化意义及二者的关系进行了分析[14]；金光、高晓霞、郑宏奎所写的《传统蒙古包木结构研究》介绍了传统蒙古包木结构及主要构件并讲解了传统蒙古包木构件尺寸及拆装特性[15]；杜倩在《蒙古包的建筑形态及其低技术生态概念探析》一文中对蒙古包的建筑形态进行了深入分析，揭示了蒙古包的结构构成、结构的模数化特点、力学优点、围护结构及材料特点[16]；由高学勤、高晓霞所撰写的《传统蒙古包的建筑元素及其民俗背景分析》概述了传统蒙古包的建筑构成元素[17]；黄鹭红、龙恩深、周波撰写的《蒙古包与牛毛帐篷受力结构的对比分析》通过将蒙古包与藏族牛毛帐篷进行对比，侧面解释了蒙古包的结构受力特征及优缺点[18]；内蒙古科技大学土木工程学院的仲崇磊、牛建刚在文章《竖向荷载作用下传统蒙古包结构有限元建模与受力分析》里通过对传统蒙古包结构的有限元建模与力学模拟，展示了传统蒙古包结构的受力形态与受力特点，从更微观的角度了解结构构成以及部件之间的相互作用和受力机理，同时实现了对传统蒙古包建构合理性的论证[19]；关于蒙古包建造工艺的文章首推由关晓武、李迪所撰写的《正蓝旗蒙古包厂的蒙古包制作工艺调查》，作者通过调研，系统地阐述了蒙古包生产制作的技术及工艺特点，揭示了蒙古包的现代制作技术保留了许多传统工艺，因此值得学习和保护[20]；内蒙古师范大学硕士乌云所写的《蒙古民族的木制工艺及其文化内涵》一文阐述了蒙古族木制工艺产生的社会环境、种类及文化内涵[21]。

由井本英一所著的《モンゴル人のゲルの構造》（《蒙古包的构造》，2003）一文从人类学角度出发，对蒙古包构造与文化之间的联系进行了剖析。首先介绍了蒙古包的构造，其次介绍和对比了蒙古包中的结构和图案与其他文明中类似结构的共同点和区别，最后提出蒙古包是蒙古族精神的体现[22]。由李惠泽、高晓霞所写文章《蒙古包传统绳结制作工艺研究》通过对蒙古包上绳索体系的分类，解析了绳结的材料、用途、制作工艺，阐述了保护蒙古族传统绳结工艺的重要性[23]。

英国剑桥大学的研究者 Chridtopher Evens 和 Caroline Humphrey 讨论了一个失败的旅游营地的案例，案例中的蒙古包都是砖砌建造的，即一种旨为汉族游客开发的具有蒙古文化情调"蒙古包"式建筑。这是一个具有"仿古"猜想的例子，在蒙古包原型和复制品之间存在着有意的讨巧，研究者以此描述了该现象是如何引起人们对"蒙古包"的各种象征性解释。文章最后讨论了蒙古包形式的现状与未来，认为如果这种"蒙古包"的形式继续在内蒙古生产，它将有可能成为一个日益疏远蒙古人的建筑结构。[24]

从上述文献梳理中可以看出，从物质性能出发蒙古包的构造特征是千百年来与草原气候条件磨合的结果，从非物质角度来看其构造特征，与民族文化、民俗禁忌同样有着密切的联系。

（3）居住习俗与文化框架研究

对于传统建筑研究而言，归根结底是对存在于其中的居住习俗与空间形态之间关联的研究，而对于这一方面的研究多从人类学的视角出发，例如日本建筑史学家大河直躬教授将人类学的观点引入住居学的研究中。在其所著的《住居的人类学》一书中，大河直躬教授认为居住习俗与住居的平面形态有着密切的联系，而居住习俗往往受到当地的气候、风土、人文条件的影响，在各自的社会中经过长久的岁月孕育而成，而由居住习俗所影响的空间秩序则被大河直躬教授称

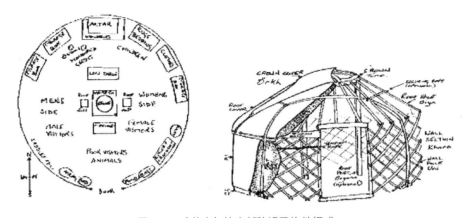

图 1-2 哈萨克包的内部陈设及构件组成

（资料来源：*A semiotic analysis of the yurt, clothing, and food eating habits in Kazakh traditional cultures*）

为"文化框架"，并认为它与依据功能关系而构筑的空间秩序有着本质上的不同，其在住居生活中远超于功能关系[2]，而对于不同地域"文化框架"内在机制的探求是认识民族和地域住居文化多样性的关键。通过大河直躬教授的研究可以看出对于地域传统民居中所表现的居住习俗与文化框架的梳理与研究是了解该民族对于住居环境归属感与认同感的关键。而对于北方游牧民族住居文化的研究从很多文献中都有迹可循，例如法拉比哈萨克国立大学以 Nurlykhan Aljanova 为首的三位学者在文章《哈萨克传统文化中蒙古包、服饰、饮食习惯的符号学分析》中探讨了游牧民族的圆形住所的设计与安装背后的符号学代码，介绍了关于哈萨克包的民俗禁忌，并强调中亚游牧民族的文化重要性，以及他们在塑造哈萨克斯坦今天的民族认同意识方面所发挥的作用[25]。

通过上述分析可见，蒙古包住居原型与蒙古族住居文化中居住习俗、文化框架的解析之间有着密切的关联，而对于蒙古包其居住习俗与文化框架主要体现在空间认知与时间认知这两个层面之上。

①空间认知方面

蒙古包作为蒙古人精神的物质载体，具有严格的空间秩序，体现了蒙古人对于时间和空间的认识，是蒙古族微观世界的雏形。华西列夫斯基于 1976 年提出："蒙古包标定了'东—南—西—北'四个方向，其中一条中轴线通过火灶和天窗，将蒙古包的空间划分为语义学上的右—左、北—南、上—下、受尊敬的—不受尊敬的、阳—阴。"而空间秩序往往又同社会秩序相互作用、相互促进，例如西北大学哲学与社会学院的张瑞东在《关于蒙古包建筑的空间文化解读》中从蒙古族的整体社会文化背景出发，阐释和分析蒙古包的深层文化内涵。文中对蒙古包外部空间结构的象征意义、蒙古包内部空间规范秩序的社会文化功能进行了详细的分析，其揭示了蒙古包所承载的生活习俗、宗教信仰、宇宙观、自然观、社会观[26]；西北民族大学的满珂在文章《蒙古包：神圣、世俗与科学的混合空间》中阐述了蒙古包反映着人们对天的认识、男女之间的关系及地位。发生于蒙古包中的民俗事象反映了人与人之间的关系，并成为衡量人际关系的尺度[27]；由天峰、金玉荣撰写的《蒙古包的结构和空间文化的内涵》揭示了蒙古包的空间分配原则，并说明空间可用十二生肖来划分，同时，作者还在文中阐述了蒙古包的计时法[28]；建筑师呼和满达在其文章《游牧空间观对现代建筑的启示》中从空间构成的角度，结合游牧传统空间观，对蒙古族建筑、环境、景观空间的主要特征进行了分析研究[29]。

蒙古包内蕴含着蒙古族的生产生活习俗，同时也反映着文化禁忌。内蒙古农业大学的高学勤和高晓霞在其文章《传统蒙古包的建筑元素及其民俗背景分析》中简要分析了蒙古包中物品的陈设规律、蒙古包中的座次、坐法和下榻就寝原则以及蒙古族的忌讳[30]；李志伟所撰写的文章《论自然地理环境对蒙古族民俗的影响》以自然地理环境对民俗的影响为切入点提及了关于蒙古族住居方面的生活生产习俗[31]；内蒙古大学的白萨茹拉在其硕士学位论文《近代内蒙古东部地区蒙古人居住和饮食习俗的变迁》中讨论分析了近代以来因移民开垦和蒙汉杂居局面而形成文化的交融与改变，使得内蒙古地区蒙古人传统生活习俗发生了诸多变化[32]。

蒙古包审美特征也是民俗文化研究切入点之一，如金光在其硕士学位论文《传统蒙古包装饰研究》中分析了传统蒙古包装饰艺术的造型特征、构成规律、装饰符号及文化内涵[33]；北京林业大学的韩佳在其硕士学位论文《蒙古包建筑装饰艺术在现代建筑设计中的应用研究》中运用建筑学、设计学等相关理论，通过对蒙古包外部、内部装饰特征和手法的研究，分析其文化、历史内涵，进行归纳总结，并为现代建筑设计的创新与应用提供理论指导[34]。

②时间认知方面

B Mauvieux 等研究者所发表的文章《蒙古包：蒙古草原上游牧民族的活动房屋——时至今日仍被用作太阳时钟与日历》先从历史溯源、结构设计以及空间组织等方面对蒙古包进行描述，后着重分析蒙古包所具有的"日晷"作用，即根据通过套瑙射入的光线打在蒙古包内不同位置来判断时间阶段。这一功用引导着蒙古草原上的游牧民族的日常活动，如根据一天的长短判断应在何时挤奶，处理畜群，牛奶加工，烘干粪便（作为燃料），祈祷祭祀，表演战斗游戏和歌曲。在整个年度中，为游牧民族决定何时安排人事变动及进行夏冬营地的转场提供线索[35]。

吉日木图、植田憲发表了《モンゴルの遊牧生活において培われた時間概念——中国·内モンゴル·シリンゴル盟チャハル地域の生活文化を事例として（1）》（《蒙古的游牧生活中培养的时间概念——以中国内蒙古锡林郭勒盟察哈尔地区的生活文化为事例（1）》，2018）和《モンゴルの遊牧生活にみられる時間の意匠——中国·内モンゴル·シリンゴル盟チャハル地域の生活文化を事例として（2）》（《蒙古的游牧生活中发现的时间规划——以中国内蒙古锡林郭勒盟察哈尔地区的生活文化为事例（2）》，2018）。在广泛使用时钟和定居之前，蒙古族通过长期的游牧生活，掌握了把握时间的方法。在室内通过蒙古包天窗光线落下的位置辨别时间，在室外通过日、月、星、气候变化以及动植物的生活规律，归纳总结出一天、一月、一年中的时间节点，以及在每个时间节点蒙古人会做什么样的事情。这种时间观念与游牧生活作息方式密不可分，与自然环境同样密不可分，是蒙古族民族性的体现[36]。

海日汗的博士学位论文《ゲルの方位についての研究：古代四ハナゲルにおける方位システムの解析》（《蒙古包的方位研究——关于古代四片哈那蒙古包的方位系统解析》）中，首先对古代蒙古人使用的方向定位做了分析，古人所说的南北分为早期通过太阳确定的方位和17世纪后通过磁石确定的方位；四片哈那的蒙古包是当时平民最常用的住宅形式，以此作为分析的模型。在太阳定位的体系下，分析不同时间节气蒙古包内部的方位变化，计算不同节气的搭建角度；在磁石定位体系下，确定蒙古包的搭建角度，并对演变过程和演变原因进行了梳理[37]。

### （4）住居演变及现状调查研究

住居的演变是一个动态的过程，当外界环境、生产方式、生活方式等因素发生改变时都会影响住居宅形的变化，而对于北方游牧民族而言其千百年维持着以游牧为生的生产生活方式在近现代的生活环境巨变中发生了改变，在这一过程中其传统的住居形式亦发生了多元的转变，因此关于近现代蒙古族住居演变及现状的调查与研究对当代蒙古族住居需求的研究有着重要的意义。

①蒙古包住居空间演变

对于住居空间演变的研究是以历时性角度看待生产生活变迁的重要视角，例如多位日本学者对蒙古国和我国内蒙古部分地区的住居进行了调研和分析。其主要考察了在政策、环境、生活方式转变等因素影响下的住居演变过程并进行分析。其中在前川爱的文章《モンゴル·ゲルのモダンな変身》（《蒙古·蒙古包的现代化变身》，2007）中，简述了蒙古包现代化的演变，首先简述了接受现代建筑学教育的蒙古建筑师对自己国家传统建筑的定义和论证；其次，描述了蒙古国蒙古包的现代化演变，通过对比过去的照片和现在的实物，现代化演变具体体现在蒙古包的工厂化生产、门的现代化、炉灶的现代化、防水布等新材料的使用；

最后，对现代化的原因进行了分析，由于国家步入现代化后，游牧不适合现有的经济体系、生活水平提高对舒适性的更高要求等原因，蒙古包一直在进行着更新和演变[38]。

日本早稻田大学的海日汗博士在《モンゴル族住居の空間構成概念に関する研究：内モンゴル東北地域モンゴル族土造家屋を事例として》(《关于蒙古族居住的空间构成概念的研究：内蒙古东北地区蒙古族土造房屋为例》，2004) 一文中，介绍了蒙古包传统上由四个居住空间组成，即男性的空间、女性的空间、供奉的空间、火的空间，并以这四个空间组合为研究对象，列举从母系社会到16世纪蒙古包内部空间的构成，从中可以看出蒙古包内部形成了固定的空间组合。17世纪以后，内蒙古逐渐开始定居化的进程，作者对不同时间土造房屋的内部空间布局做了调查总结，并与蒙古包的内部空间构成作对比，得出定居后的蒙古族住居依然保留有蒙古包中的空间构成习惯[39]。在其另一篇文章 *Extension of the Culture of the Mongol Yurt On the Distribution and Direction of the Inner Space of Mongolian Houses On the Distribution and Direction of the Inner Space of Mongolian Houses* 中，通过将蒙古族进入现代社会后所使用的土砖房、窑洞民居与传统蒙古包中的内部陈设与方向定位进行对比分析研究，探讨蒙古包传统文化的外延。得出蒙古族的生活方式虽然已由游牧生活转向定居生活，而且各种类型的民居呈现出不同于传统蒙古包的面貌，但它们的内部空间采用了蒙古包的规则，这些规则实际上是由蒙古包文化发展而来的，是一种灿烂的民族文化[40]。千叶大学的铃木弘树教授及其团队对蒙古游牧地区圆形和方形的住居空间进行了研究，通过SD法和空间认知实验，得到了牧民对圆形和方形居住空间的空间认知程度、心理评价、环境和生活行为评价，得出从"○"转移到"□"后，对方形空间的认知更准确；方形住居空间使用受到圆形空间的影响；通过定居，提高了居住环境，增加了舒适性的结论[41]。

从上述文献分析中可以看出，住居空间的演变一方面表现出在全新的生活模式下牧民对于生活不断产生的新的需求，另一方面尽管居住空间发生了转变，但其仍然在遵守着之前存在于蒙古包之中的民俗禁忌与空间秩序。

②蒙古族住居现状调查研究

当代大量的学者对定居后的蒙古族住居现状进行了调查研究，通过对住居类型、空间形态等方面的研究来梳理在生产生活方式发生转变后的今天，当代蒙古族住居形态与生活方式之间的关联。例如李贺在《内蒙古呼伦贝尔草原蒙古族牧民住居空间形态现状研究》一文中，通过其在2007年6月至2009年2月期间对于呼伦贝尔草原蒙古族牧民现状住居的实地调研，从草原畜牧业生产方式出发将草原牧居的现状住居分类归纳为 6 种类型，分析总结了住居类型的 6 个特征[42]。白洁老师在《游牧时代内蒙古呼伦贝尔草原地区蒙古族牧民居住生活研究》一文中运用住居学的研究方法，以生活研究和社会学研究作为切入点，从风土、游牧空间的层次以及社会结构与游牧空间的变化几个方面研究游牧时代呼伦贝尔草原地区蒙古族牧民的居住生活空间，从而分析了游牧空间形成的内在规律[43]。白洁、胡惠琴、本间博文三人所写文章《内蒙古呼伦贝尔草原地区不同生产经营模式下居住环境的研究》通过对呼伦贝尔草原地区蒙古族牧民居住环境的实地调研，从目前该地区生产经营模式的角度，分析总结了不同生产经营模式与居住环境的关系，探究了保护草原生态环境和居住环境、提高牧民生活水平的方式和方法[44]；马明在其博士学位论文《新时期内蒙古草原牧民居住空间环境建设模式研究》中从草原牧民居住空间形态的演变出发，分析并总结其中经验，从生态与技术的角度诠释草原住居的空间和构筑形态[45]。

上述文献分别从当代蒙古族住居类型、当代蒙古族游牧空间、定居点居住空间形态等方面反映了当代蒙古族的生产生活方式以及定居化对其住居方式的影响，为本研究奠定了扎实的基础。

**（5）相关建筑理论研究**

通过上述文献研究可以看出，对于蒙古包住居原型的现代转译研究而言，究其根本是当代蒙古族在生产生活发生突变后对于其居住环境归属感与认同感的物化过程，而其所涵盖的领域也极为广泛，涉及社会学、人类学以及广义建筑学等。

①建成环境理论

建筑人类学家拉普卜特在其著作《宅形与文化》（2007 年）中以一个环境设计师的视角，通过对"风土"与"聚落"的研究以讨论民居形态形成的原因及作用力。作者试图提出一个理论框架，以窥探各种民居类型及其形态，探究其成因的同时，并限定这一复杂的领域，以便更好地解读宅形的决定因素。通过对各个民居的研究以展现人类的理性在建造房屋时所占据的主导并不多，反而民俗文化往往决定了建筑的形制。伴随当今社会高速发展、全球化及科技发达的大背景，"物质""理性"对建筑形态的限制越来越少，建筑设计中的文化属性严重缺失，从而导致了当代建筑的趋同性。

拉普卜特在其另一部著作《建成环境的意义》中描述了：意义通过符号学、象征、非言语三种方法来进行表达。书中首先分析了符号学和象征方法在表达意义上的不足，进而着重探讨了非言语表达方法，并围绕非言语表达方法的具体应用进行了详细论述。作者以使用者的意义和日常环境为研究切入点，对建成环境进行多角度的分析研究，对人与环境的关系提出新的见解。

这些以文化人类学为视角对极具风土性的民居建筑的理论剖析同样对蒙古包住居原型转译形式与内涵的影响因素探讨以及对建成环境的归属感与认同感的检验提供了借鉴与启发的意义。

②住居功能层次理论

蒙古包住居原型转译的一个主要问题便是如何对单一空间的蒙古包实现合理的住居功能分化，住居中的功能分化与生活行为的类型分类有着密切的联系，生活类型论最早由日本住居研究的先驱吉坂隆正先生通过对《雅典宪章》中所提出的"三分法"进行进一步充实而得到，其将人类的生活分为以修养、采集、排泄、生殖等生物性的人的基本行为为代表的第一生活；以家务劳动、生产消费、财富交换等辅助第一生活的行为为代表的第二生活；以表现、创作、游戏、构思等脑力和体力中解脱出来的自由生活为代表的第三生活[2]。而住居学中对于住居的功能发展的三次分化也为蒙古包住居原型的转译提供了指导作用。

同时日本建筑史学家大河直躬教授将人类学的观点引入住居学的研究中，其所著的《住居的人类学》通过空间秩序对住居的作用来解释不同民族、不同住居形式的形成。并认为其与依据功能关系而构筑的空间秩序有着本质的不同。从大河直躬教授的研究中可以看出，对于民族住居中所表现出的文化意识的研究的重要性。

③原型与类型理论

原型（Prototype）是指人类世世代代长期积淀于内心深处普遍性的心理经验。在这里荣格所认为的"原型"是一种"原始表象"——集体无意识，对等的在A·罗西的原型理论中，将它表述为一种"永恒的内在组织原则"，是一种生活方式与形式的结合，而二者之间的区别在于建筑原型由一种不可见的生活方式和一种可见的形式构成，通过研究谱系发展史以及对这些"曾经的形式"的比较和解析，试图洞见到内在的组织原则，即转译因子。在当下的研究中则试图通过文献中所讨论的文化内涵来描述蒙古高原先民的生活方式中所蕴含的内在永恒的组织原则——集体无意识。

④材料置换原则

弗兰姆普敦继承了森佩尔批判性传统，针对现代建筑中"技术至上主义"和建筑日益趋同进行抵抗，弗兰普敦将"建构"作为"批判地域主义"的核心策略。1992年出版的《现代建筑——一部批判的历史》更加强调了这一观点。在《建构文化研究》中，弗兰普敦认为空间作为建筑思维不可分割的组成部分，而"建构"和空间应相互补充、相得益彰，"建构"指的是对结构和构造的方式进行思考，讨论空间形成与前者之间的内在关系，丰富空间感受引起人们的空间认识。

并且弗兰普敦将"建构"概括为"诗意的建造",从而在词源学上讲,建构具有"技术工艺"与"诗性实践"的双重含义。

⑤场所感知理论

关于"场所"理论的研究主要来自于以诺伯格·舒尔茨为首的场所现象学家的研究与建筑设计实践;其中以诺伯格舒尔茨的著作《场所精神——迈向建筑现象学》作为当代意义"场所精神"诞生的标志,该书强调天、地、神、人四种元素的综合才是场所的存在,关注人、环境与建筑之间的关系,建筑的意义不只是功能而已,更是文化的载体。人不能只停留在物质层面,人的生存需要实现对于自我"存在"感的找寻,人类的"存在"离不开象征的精神。即人类的生活环境是一个包容天地人神各种元素的综合体;人的基本精神需求正是从这样充满生活情境,充满各种元素之间互动的过程中得以建立,这些情境承载着人们精神的方向感与认同感,并最终形成人们的归属感,为人们提供"存在"的"立足点",人们在场所中认识环境,进而反思自我,找寻自我的"存在"感。"建造"是一种场所营造活动,在《海德格尔文集》中的《筑·居·思》提出营造是人们实现"定居"的方式,而"定居"是人们找寻"存在"的途径。诺伯格·舒尔茨的相关著作还有《建筑中的意图》《存在·空间·建筑》《西方建筑的意义》。四本著作虽然各自独立,但是在诺伯格·舒尔茨的理论体系中具有递进性。

## 1.2.3 相关设计探索

在全球化发展的今天,"地区"与"世界"之间的关系日益密切,技术与材料的交流为地区建筑的多样性发展提供了助力。蒙古包作为一种古老建筑原型的延续,近年来对其建筑特性与文化特性的探索随着技术的发展越发多样化,例如通过对材料的置换以及构造的优化来探索其建筑形态的多样性;通过对其建筑特性的移植来解决域外问题;通过对其文化符号的提取来寻找民族的归属感与认同感等。通过对设计案例的分析可将当代建筑师对蒙古包的建筑形制、建筑特性与文化特性的探索,归纳为传统构造的材料置换、传统蒙古包的特性沿用、新型建造方式的探索、传统形式与现代功能的结合、纪念性符号的表达5个方面。

（1）传统构造的材料置换

传统的建造方式在不断发展和更新的过程中,通过自我的调整和变化来保持活力,从建筑发展的历史中不难看出,人类文化的发展时常会出现材料的置换,通过对材料与构造的优化来为传统的建筑注入新的活力。例如苏格兰一家户外用

（a） （b）

图1-3 蒙古包室内及外观[46]

（a） （b）

图1-4 蒙古包构件[46]

品公司设计了一款蒙古包，其对传统蒙古包的构造方式进行了优化，在传承其拆卸方便、质地轻盈、可移动可装配的特性的同时，增强了室内的舒适性与蒙古包的建构逻辑。这一蒙古包由该公司与当地的数字创客工作室一起完成，其设计的理念是不用任何工具，就可搭建起来，且便于携带，拆解后的蒙古包构件仅使用一辆汽车的后备厢便可完成运输[46]。

巴黎工作室 Encore Heureux 为波尔多植物园设计了一个临时建筑，灵感来自于蒙古国与中国之旅，是蒙古包、旋转木马和音乐台的混合体，也是一个轻快的弹出式庇护所。建造材料来自当地易得材料木材与渔网，主体结构由 12 个同心圆框架重复构成，外部覆盖渔网作为围护结构，从外部呈现半透明状态，室内以木质中心塔为圆心分别向外挂着一系列吊床作为人们休憩的放松场所，整个建筑是一个极具社会性的公共空间[47]。

由 EcoShack 公司所设计的夏日庇护所，其平面形制与传统蒙古包相似，通过结构简化与变形形成了拆卸方便、质地轻盈的软壳结构，其传承了传统套瑙和哈那墙简易构造的优点，采取插接式连接。外部由轻质薄膜代替了传统蒙古包的毛毡，其装配式建造特点与蒙古包相通。临时使用性较强，适合短暂性休憩，不

图1-5　中国风格的蒙古包建筑（Chinoiserie）[47]

图1-6　夏日庇护所[48]

包含住居的属性，是住居功能以外的娱乐生活场所[48]。

北京那达慕装置是建筑师南丁关于蒙古包研究的一部分，其设计的切入点是当代生活与传统蒙古生活的对比，他认为传统蒙古包的形制是游牧牧民完美的住房类型，但是在城市中这可能是最糟糕的住房类型。因此其将传统蒙古包体系与直角体系相结合，使原有蒙古包的空间得以拓展，内部二层空间使原有空间更加丰富，且具有多种行为的可能性。建造方式传承了传统蒙古包的建构原则，材料质轻而稳固，可装配，便于拆卸及运输，是对蒙古包现代转译方式的一种尝试，

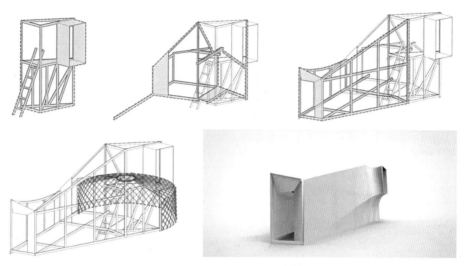

图 1-7　北京那达慕装置[49]

同时建立了蒙古包文化与当代社会的交流平台[49]。

### （2）传统蒙古包的特性沿用

传统蒙古包诞生于居无定所的游牧生活，逐渐形成了其易拆装、易搬运的建筑特性，是在多种气候条件下皆可快速装配的临时性建筑。例如学者 Graziano Salvalaia 及其团队以可回收的滑雪板进行了用于快速建造的避难蒙古包的设计研究，通过大量试验，其展示了滑雪板蒙古包快速、简便的装配方法。此外，在结构测试中，已经验证了滑雪板蒙古包比简单的帐篷更坚实和可靠。建筑模拟实验表明，即便在炎热的气候条件下，室内的舒适条件也是可以接受的[50]。

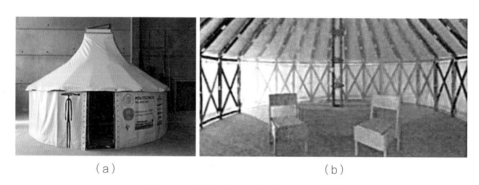

（a）　　　　　　　　　　　　　　（b）

图 1-8　滑雪板蒙古包的外观与室内[50]

法国移民临时住宅设计是为移民和旅行者提供的临时住宅，这个在法国建造的临时住宅是为移民和旅行者提供的，目的是缓解不断增长的难民居住危机。这些

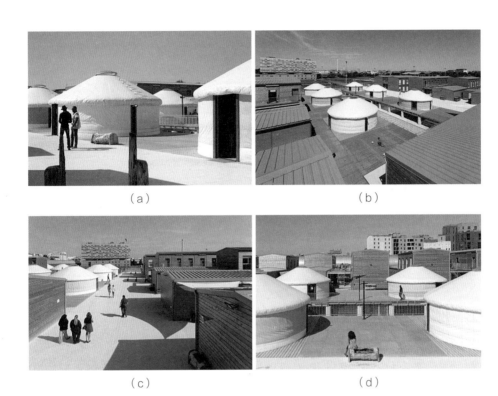

（a） （b）

（c） （d）

图1-9 临时住宅[51]

建筑的建造时间非常短，因此建筑师运用了预制建造方式，为了减少施工时间，建筑师同时在两个工地工作，基础设施在工地上建造，预制木模则在附近的工厂进行。这些模块还能够重复利用，这就弹性建筑而言很有意义。这些模块符合循环经济的逻辑，在拆除之后可以进行再利用，因此这些建筑的使用寿命约为 5 年[51]。

### （3）新型建造方式的探索

随着信息时代的到来，数字化、信息化的等技术使得建筑的设计与建造有了新的发展，而蒙古包建造技术的发展也可向这些前沿科技进行借鉴，其中以 3D 打印技术为主，例如由福斯特（Foster）设计的月球栖息地住居（Lunar Habitations）采用承重"悬链线"的穹顶设计，形成了蜂窝状的结构墙，以此防止微流星体和空间辐射，并将加压充气装置安置在遮蔽宇航员身上。同时运用 3D 打印技术以月球表面的尘土为原料进行实地建造，进而节省航天运输的成本[52]。

福斯特通过月球栖息地住居项目继续进行早期设计探索，以便在极端环境和地外栖息地进行建设，福斯特一直致力于 NASA 支持的火星上三维模块化栖息地竞赛。火星栖息地的设计概述了在宇航员最终到达之前由一系列预先编程的半自动机器人构建定居点的计划。设想了一个坚固的 3D 打印住宅，最多可容纳四名宇航员使用，以风化层的火星表面的松散土壤和岩石建造完成[53]。

图1-10 月球栖息地住居[52]

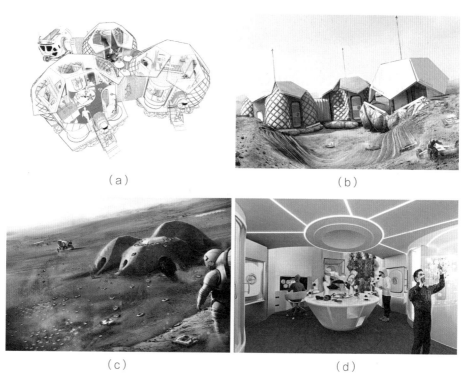

图1-11 火星栖息地住居[53]

同时以 3D 打印技术建造的还有火星恒温箱（Mars Incubator）项目，其建造在很大程度上依赖于火星表面产生的材料。火星的表土以火星砂的形式存在，大部分板材料是以火星砂与聚乙烯混合物为原材料的，在炉中干燥的表土绕过成纤机并与聚乙烯粉末一起直接进料到混合料斗中。将这种混合物倒入模具中，覆盖在事先已经缠绕好的玄武岩纤维上。背板放在顶部。最后的步骤需要加热和压缩材料，从而形成新的面板冷却，然后将其从模具中取出，要进行不同的配置[54]。

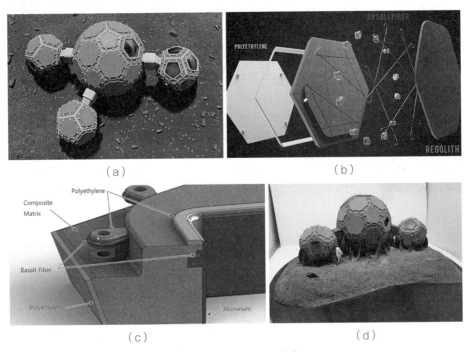

图 1-12　火星恒温箱[54]

　　由 AI Space Factory 为 Planet Mars 设计的圆柱形小屋——MARSHA 代表了"从根本上与以前以低洼圆顶或埋藏结构为代表的栖息地方案相背离"。MARSHA 采用垂直方向圆柱体，这是一系列空间和效率研究的结果。该形状允许栖息地成为针对火星的大气压力和结构应力进行优化的高效船只，并提供更大的可用地面积与体积比。MARSHA 采用 3D 打印的施工技术，以火星表面的玄武岩纤维与可再生生物塑料混合物作为建造的基础材料，建造过程采用圆柱形式，以呈现最便于打印的压力容器，减少对移动性的需求[55]。

　　由 SE Arch 和 Clounds AO 建筑事务所设计的"冰屋"是采用火星本土材料以及 3D 打印技术为四名宇航员建造栖息地。该项目是少数几个不将栖息地埋在风化层之下的项目之一，而是挖掘北部地区预期丰富的地下冰层，创建一个薄的垂直冰壳，能够保护内部栖息地免受辐射[56]。

（a）　　　　　　　　　　　　　　（b）

（c）　　　　　　　　　　　　　　（d）

图1-13　MARSHA[55]

（a）　　　　　　　　　　　　　　（b）

（c）　　　　　　　　　　　　　　（d）

图1-14　冰屋[56]

### （4）传统形式与现代功能的结合

随着全球化的推进，蒙古族地域对于公共建筑的需求日益增加，在这一过程中通过对传统营建方式之于当代的创新探索，大批建筑师将蒙古包这一传统形式与现代蒙古族地域的功能需求相结合，从而形成具有地域精神内核的蒙古族现代建筑。例如在木兰围场的"草原之家"设计中以传统形式中的"双合蒙古包"为基本原型，辅以多个延伸体块，拓展建筑室内的功能属性。其建筑立面上与中国建筑史上的双环万寿亭结合，形成游牧民族与中原的"混血儿"，也代表了满蒙汉三族的融合。作为社区图书馆，其内部以两个环形向心空间为核心，中心为阅读区，周边为陈列区，将现代建筑功能与传统建筑形式完美结合，在满足地区人民使用需求的同时，与多民族氛围互为呼应[57]。

（a）　　　　　　　　　　　　　　（b）

（c）　　　　　　　　　　　　　　（d）

图1-15　木兰围场"草原之家"[57]

李兴钢老师在元上都遗址工作站设计中将传统蒙古包原型进行消解、串联等，形成了一个个草原上的"小帐篷"，位于元上都遗址之南，建筑以分散的布局偏于遗址轴线的一侧，既减小了完整大体量对环境的压迫，同时也为遗址的景观视线通廊开辟了道路，建筑外部与传统建筑形式相结合，建筑内部与现代使用方式相呼应，完成了传统形式与现代功能的有机结合[58]。

D.Bolor Erdene 是蒙古国小型歌剧院，客容量可达300人。项目在外形方面转译了"颈式"蒙古包，结构构件使用大木材，构造方式遵循传统蒙古包，舞台感、向心性明显，场所感强。

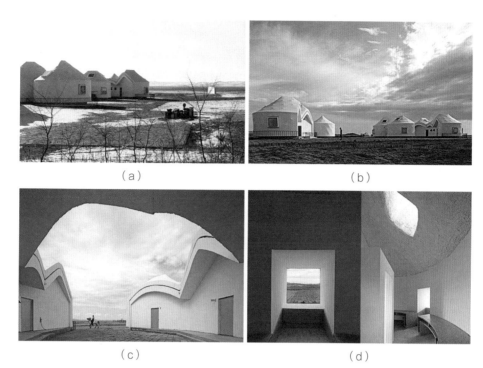

（a）　　　　　　　　　　　　（b）

（c）　　　　　　　　　　　　（d）

图1-16　元上都遗址工作站[58]

（a）　　　　　　　　　　　　（b）

（c）　　　　　　　　　　　　（d）

图1-17　D.Bolor Erden 歌剧院①

---

① 课题组摄制。

在苏尼特左旗蒙古族中学搏克馆的设计方案中，根据摔跤、射箭、蒙古象棋等功能的需求呈现了矩形平面形式，同时延伸出小型比赛、会议演出、展览空间的使用需求，设计师将弓箭、蒙古包、草原丘陵结合。其方形平面的转译设计一直存在争议，诸多牧民认为无法表达"穹庐似天"之空间感受。本项目主要应用于体育活动，室内具有一定的舞台感，现代设计意味较浓。但项目保留了对套瑙这一传统构件的转译，保留了套瑙通风、采光的功用。主色调以白为主，也与传统蒙古包用于围合的白色毛毡相呼应。

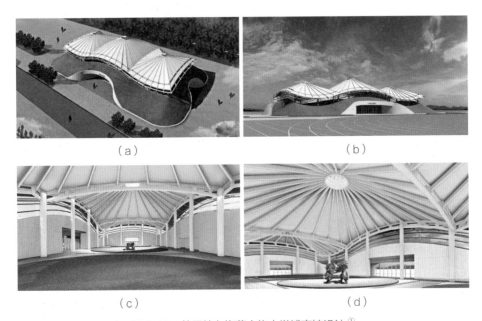

图 1-18　苏尼特左旗蒙古族中学搏克馆设计[①]

（5）纪念性符号的表达

对于纪念性符号的提取与表达多数应用于蒙古地域纪念性建筑之中，例如在成吉思汗陵设计中以三个八边形蒙古包宫殿为主要构成元素一字排开，形成三个大殿，相互之间用走廊连接。在三个蒙古包宫殿的顶部为半球形，以金色琉璃瓦覆盖，以蓝色琉璃瓦砌成云头花。云头花是蒙古民族崇尚的图案，而金色和蓝色也是蒙古民族所欣赏青睐的颜色。中间正殿为穹庐顶，做成重檐形制，形似蒙古包，东西两殿八角形每边不等长，单檐、穹庐顶，蒙古民族的艺术风格明显。项目较好地传承了蒙古民族祭祀文化的同时，建筑包含了公共性，并体现了人与人、人与物之间的联系。建筑威严庄重，场所感极强，方向感明确，具有一定的民族认同感。

---

① 　图片由白苏日图老师提供。

（a）　　　　　　　　　　　（b）

（c）　　　　　　　　　　　（d）

图1-19　成吉思汗陵[59]

　　成吉思汗召在很多方面与成吉思汗陵相通，以现代材料为主，场所感、方向感强。外表皮的白色调也是对蒙古族传统色彩使用的尊重，文化属性厚重，具有强烈的民族认同感。

（a）　　　　　　　　　　　（b）

（c）　　　　　　　　　　　（d）

图1-20　成吉思汗召[60]

"内蒙古 70 周年大庆"主会场设计使用现代材料，采用装配式建造，其形似马鞍，三个硕大的蒙古包式穹顶是其蒙古族文化符号的主要体现，其主要用于会议展览以及体育竞技等用途，在大会结束后作为民族活动中心伫立于草原之上，具有布景式的符号意义，场所感强。

图 1-21 "内蒙古 70 周年大庆"主会场

国内外对于类蒙古包设计的研究主要集中于对传统蒙古包材料的更新与应用、对新的建造方式的探索、对于传统建筑特性的挖掘、对于与现代功能结合的探索以及对传统蒙古族建筑文化传承的尝试之中，反映了当代建筑师在"地区"与"全球"、"传统"与"现代"之间平衡的探索，即用现代的材料、技术与设计思想解决地区问题，在尝试满足地域文化需求的前提下来达到地区人民对于当代生活的使用需求。

## 1.3 蒙古包住居原型转译的目的与意义

### 1.3.1 研究目的

为探讨从游牧到定居的过渡时期，当代蒙古族牧民适宜的住居形态。本书通过扎根理论体系的研究方式，以梳理存在于牧民"集体无意识"之中的潜在住居需求为前提，通过对文献的梳理以及实地调研数据的收集来完成对蒙古包住居原型中蕴含的转译因子与转译指向的探讨，进而完成蒙古包住居原型现代转译的研究，以期传承蒙古包住居文化并探讨当代蒙古族适宜的住居形态。

### 1.3.2 研究意义

通过文献研读和田野调查的相互印证完成对转译因子的探讨，由此明确传统蒙古包住居文化是什么，以及传承什么。在基于扎根理论的当代蒙古族牧民住居需求研究中，从抽样访谈资料入手，归纳抽象出了当代蒙古族牧民住居需求的 4 个主范畴，并与现代建筑理论进行耦合，完成蒙古包住居原型现代转译框架的构建，得到 3 个转译层次，指导现代转译研究，进而完成系列实验性营造方案与设计方案。

本书作为传统住居原型的现代转译研究，主动为由于生产方式转变而处于生存危机的族群提供适宜的建成环境支持，构建基于扎根理论"从传统住居的原型解析——现代转译理论架构——现代转译设计研究"的研究理论框架，对传统蒙古住居文化的现代转译、促进世界住居文化多元传承具有现实意义；并为新疆、青海、西藏等地区类似的住居建筑设计提供可参考的开放式设计研究框架。

## 第 2 章

蒙古包住居原型转译因子解析

蒙古包这一成熟的建筑类型，在其整个发展的历程之中始终以"与时俱进、因地制宜"的原则不断发生着演化。随着其所处环境的地理形势、气候条件、生产方式、文化内涵、宗教信仰等因素的改变，蒙古包的建造材料、建筑形式与住居平面也发生了相应的变化，从而产生了不同的建筑类型。通过对蒙古族建筑谱系、蒙古族住居文化、蒙古包住居类型以及蒙古包住居场景的分析来探讨其中所蕴含的住居原型转译因子。

## 2.1　蒙古族建筑谱系中的转译因子

### 2.1.1　建筑材料与建造方式

蒙古高原牧民先后经历了狩猎、游牧与定牧三种文明形态，同时高原先民的住居形式的演化与发展也经历了由"穴居""棚屋"至"穹庐"，再到各式"毡帐"的过程[11]。毡帐住居的建造材料的发展也从最初"穴居""棚屋"的树木、蒲草、兽皮等天然材料逐渐过渡到"穹庐"与各式"毡帐"的以羊毛制成的手工毛毡，以及柳木、柳条、牛皮钉等制成的哈那、乌尼等构件组合而成。通过对其建造材料的分析可以看出，虽然在千百年间的发展中手工技艺在不断进步，建筑构件在不断细分，但建造材料皆源自于自然并符合质地轻盈、当地易得的特性。建造方式则均满足易于拆装、手工艺可习得的特性，不论是发展初期的棚屋形制还是相对成熟的穹庐与各式毡帐形制。如作为棚屋最初形制的"肖包亥"，在搭建时首先将3檩坚硬的树枝上部倾斜并交于一点，而后将辅助支撑的树枝中心汇聚相搭接，以穿插式进行固定，从而形成圆锥状的支撑结构，最后在其表面覆以桦树皮或兽皮等材料。而成熟形制之一的蒙古包则是以柳木、柳条、牛皮钉等预制完成的乌尼、哈那、套瑙构件现场搭建完成。这源自于蒙古族的游牧习性，正如《绥蒙辑要》中所记载的："因转徙频仍，惯于结构，其动作亦机敏，能于瞬时间成之。"[61]

（a）额入客　　　　　（b）肖包亥　　　　　（c）穹庐

图 2-1　传统游牧住居形态
（资料来源：《居住建筑简史》）

### 2.1.2 适应基地变化的类型分类

传统蒙古包在演化过程中依据与基地关系的不同而产生了多种建筑类型，可分为半地下式、地上式、抬升式三种。其中抬升式又分为架空式与基座式。

达·迈达尔先生在《蒙古包历史回顾》一书中通过绘画的方式描述了原始人制作生产工具、日常狩猎的生活状态以及穴居的成熟形制——"额入客"。这一时期的蒙古高原祖先以狩猎为生，其居所主要存在于森林、峡谷、沟壑等具有隐蔽性的生活环境中，并与基地呈半地下式关系，即早期的穴居成熟形制——"额入客"。

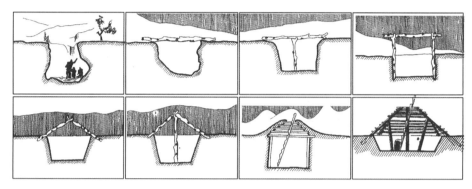

图 2-2　地下式住居类型
（资料来源：《蒙古包历史回顾》）

据考古学显示，在距今 40000 ~ 6000 年间，盛行于蒙古高原的居住形态除额入客（穴居）之外，还有另一种构建在地面之上的棚屋类建筑——屋儿茨[61]。地上式住居类型在蒙古包谱系演化的过程中持续了很长的时间，且类型繁多。例如游牧时期牧民所使用的卡尔梅克包、哈萨克包与蒙古包搭建时均直接置于地面之上；而帝国时期帐殿、牙帐、御帐等大汗使用的毡帐也多置于地面之上。如《黑鞑事略》徐霆注云："徐霆至草地时，立金帐，其建制方法则是草地中大毡帐，上下用毡为衣。"[62]

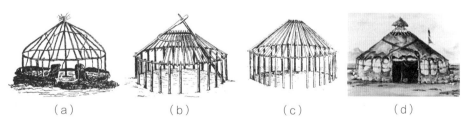

（a）　　　　（b）　　　　（c）　　　　（d）

图 2-3　地上式住居类型
（资料来源：《蒙古族建筑的谱系学与类型学研究》）

抬升式住居类型主要可分为架空式与基座式关系。据《黑鞑事略》记载："穹庐有二样，燕京之制，用柳木为骨，正如南方罘思，可以卷舒，面前开门，上如伞骨，顶开一窍，谓之天窗，皆以毡为衣，马上可载。草地之制，以柳木组成硬圈，径用毡挞定，不可卷舒，车上载行。"[62] 由此可见，穹庐既可直接置于地上，又可载于车上行驶。架空式毡帐隔绝了来自地面潮湿的寒气，且迁徙方便。而从殿帐的绘画作品中可见其含台基，将殿帐置于其上，其次清宫蒙古包是对蒙古包住居做出的更新，清宫含经堂南广场蒙古包基址挖掘报告中就有"皆以三合土夯实打底，上面再码两层青砖"的记载，说明基座式蒙古包在清朝也存在过[63]。

（a）架空式蒙古包——车帐

（b）基座式蒙古包——帐殿

图2-4　抬升式住居类型
（资料来源：《蒙古族建筑的谱系学与类型学研究》）

由此可见，早期蒙古高原的先民其生产生活方式多围绕狩猎展开，而其所使用的居所——"额入客"与地面的关系则呈现出半地下式；随着生产生活方式由狩猎向游牧过渡，游牧民族的居所也逐渐由"穴居"过渡到毡帐类建筑，其与地面的关系呈现出地上式，并便于迁徙；帝国时期出于战时需要而呈现的车帐与地面的关系则属于架空式，藏传佛教传入之后出现的固定式建筑多采取基座的方式来建造，其与地面的关系可被描述为基座式，而架空式与基座式都可被归类为抬升式。由此可见，在蒙古包谱系演化的过程中，其与地面的关系存在多种形式，而其往往伴随着生产生活方式的改变而发生着变化。

### 2.1.3 适应气候变化的类型分类

按毡帐风格来界定，可归类为蒙古、卡尔梅克二系，其中蒙古系包括蒙古系毡帐与突厥系毡帐，而卡尔梅克系包括卡尔梅克系毡帐。不同系别、不同类型的毡帐其所处的气候环境亦不相同。因此，此处分别对以上三种毡帐进行类型分析，以探寻这三类毡帐与其所处气候环境可能存在的关系。

13世纪在西伯利亚靠近森林居住着一些"林中百姓"，他们使用的毡帐乌尼又陡又长，而哈那相对较矮，人们称之为"卡尔梅克毡帐"。成熟的卡尔梅克毡包为井式套瑙，采用直杆式乌尼，陡而长，壁架高度较高。该毡帐出自森林的狩猎部落并一直延续至今，相较于草原地区宽阔的地形而言，森林中多降水，冬季易积雪。

**卡尔梅克系毡帐**　　　　　　　　　　　　　　　　表2-1

| | 时间 | 壁架高度 | 乌尼 | 套瑙 | 示意图 |
|---|---|---|---|---|---|
| 早期卡尔梅克包 | 13~16世纪 | 相对高 | 高5米，下端部分弧形 | 井式套瑙 | |
| 成熟卡尔梅克包 | 17~20世纪 | 相对矮 | 直杆式 | 井式套瑙 | |

突厥系毡帐最初的特点为弯弧状木椽和高耸的"颈式天窗"，而后期高耸的天窗构件逐渐被弃用[61]。最终演化出16~20世纪在哈萨克斯坦、土库曼斯坦、塔吉克斯坦、乌兹别克斯坦等地使用的突厥系毡帐的成熟形态——哈萨克包。其存在于多高山与丘陵的亚欧草原中、西部地区。

**突厥系毡帐**　　　　　　　　　　　　　　　　表2-2

| | 时间 | 壁架高度 | 乌尼 | 天窗 | 示意图 |
|---|---|---|---|---|---|
| 突厥包 | 6~8世纪 | 1.8~1.9米 | 弧形 | 直径小 | |
| 哈萨克包 | 16~20世纪 | 1.2~1.3米 | 上端呈直线下端部分弧形 | 直径大 | |

蒙古系毡帐发展分为 9～16 世纪的"颈式毡包"与 17～20 世纪的"蒙古包"两个阶段[61]。其最初与突厥系毡帐一样，都具有高耸的"颈式天窗"，但随着后期的演化，高耸的天窗构件逐渐被弃用，屋面坡度逐渐下降，从而形成现今蒙古高原的主要毡帐类型——蒙古包。蒙古系毡帐主要分布在东部地域的蒙古高原之上，多处于降水量相对较少且多风的草原地带。

蒙古系毡帐　　　　　表 2-3

| | 时间 | 壁架高度 | 乌尼 | 套瑙 | 示意图 |
|---|---|---|---|---|---|
| 颈式毡庐 | 距今 4500 年前 | 哈那壁架一体 | | 颈式套瑙 | |
| 百子帐 | 1～5 世纪 | 壁架高 | 扇弧形 | 颈式套瑙 | |
| 颈式毡包 | 9～16 世纪 | 壁架低 | 上端呈直线下端部分弧形 | 颈式套瑙 | |
| 蒙古包 | 17 世纪 | 1.3 米 | 直杆式 | 轮盘式套瑙 | |

由上述类型分析可见，在森林地区少风多降雨的气候条件下，对应的毡帐多为高耸的乌尼，形成以卡尔梅克系毡帐为代表的毡帐类型。而在广阔的草原地区多风、风大且降水较少的气候条件下，所对应的毡帐则由最初的高耸乌尼转变为平缓的乌尼，形成以蒙古系毡帐以及突厥系毡帐为代表的毡帐类型。由此可见其居住类型与气候之间存在着一定的对应关系，在气候环境改变的情况下，其住居的形式也会随之发生相应的变化。

除了在不同地区的不同气候对应着不同的类型之外，在同一地区的不同季节蒙古包出现了以更换材料或与其他材料组合的方式来应对气候的变化。例如夏季蒙古包除了使用一层毛毡加以覆盖之外，部分地区还会使用当地的芦苇与柳条进行建造，其做法是将毛毡替换为以芦苇和柳条编织而成的席子，以此来增加室内的空气流通，使室内更加凉爽，同时芦苇席也具有防雨的功效，在夏季多雨的地区芦苇席可以引导雨水快速排离毡包的屋顶。而冬季则一般使用三层毛毡加以覆盖，以保证室内恒温，如此更换材料的建造手段对于季节的针对性更强。

织物的出现和使用对毡包进行了性能和空间的更新优化，例如在清宫《万树园赐宴图》等画作中所出现的华盖式蒙古包则是在毡帐的基础之上覆盖了以布织成的伞状华盖而形成的毡帐类型。其建造方法为将类似伞状华盖的拂庐置于毡帐

（a）　　　　　　　　　　　　　　　（b）

图2-5　冬毡夏苇
（资料来源：《蒙古族图典·住居卷》）

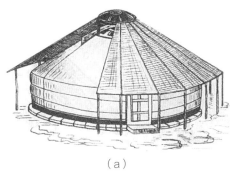

（a）　　　　　　　　　　　　　　　（b）

图2-6　华盖式蒙古包
（资料来源：《清代宫苑中的穹庐——圆明园含经堂蒙古包研究》）

的上方，在华盖下方以一圈木柱作支撑，或以绳索牵引，这样不仅可以维持毡帐的室内温度，在毡帐与支撑木柱之间形成的环绕外廊还可供休憩且呈现出阴凉地块，舒适性有所提高。

### 2.1.4　多平面组合类型分类

蒙古包谱系发展过程中平面组合形式分为类圆平面、多空间组合与聚落形态。类圆平面内含单一的圆形平面与多边形平面；多空间组合自匈奴时期就可见，其与拂庐相连；清朝时期出现的葫芦式蒙古包、三合蒙古包、五合蒙古包、华盖式蒙古包等；蒙古包聚落形态分为向心型布局形态与排列式布局形态。

不同时期出现不同形式的平面，但均属于类圆平面。从"额入客"这一成熟穴居形式到棚屋、毡帐、牙帐、御帐、殿帐等，均以圆形平面为主。圆形是蒙古人崇尚的理想图示，"天似穹庐"，蒙古族认为"完整之物为圆"。圆是完整无缺的表现。所以，蒙语里的圆、环、满、整、全及球等含义大致相同。因此，蒙古族视蒙古包的形状为完整和圆满的象征[64]。

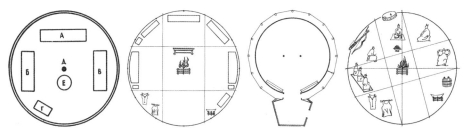

图 2-7  传统蒙古包谱系中出现的圆形平面
（资料来源：《居住建筑简史》）

蒙古包圆形平面提供了最大的自由内部空间，同时使用最少的建筑材料；其次，形状几乎是半圆顶，在所有几何物体中，球体的表面积与围成的体积比最小，热能的损失与表面积成正比。这意味着半圆顶的房子比其他任何形式损失的能量都要小。因此，蒙古包的形式被优化以尽可能少的损失热量。此外，其相对较低的结构，可以很好地融入周围的景观中，尽可能减少表面风力[65]。

可见蒙古族先民崇拜圆形，圆形既是适合游牧生活方式的平面形式，且从物理性能而言适宜于草原气候生存，并在历史脉络中根据适合草原气候的建筑类型在材料特性的置换情况下发展出了类圆形的八边形蒙古包，其目的为提高住居舒适度。

纵观蒙古包建筑谱系不难发现存在圆形平面与矩形拂庐的多空间组合形式、双圆平面，以及多圆的不同组合方式。李唐绘制的《文姬归汉图》描绘了东汉时期匈奴人的居住环境，虽然画作年代晚于东汉，仍具有借鉴作用。从此画册中可以推测匈奴时期的单体居住形态主要有穹庐式毡帐（宫帐及普通毡帐）、哈那棚、拂庐（亭帐与帷帐）、车帐等，根据需求不同进而形成平面组合式居住形态，在毡帐前加设木屋前厅（或帷帐前厅），前厅再加建亭帐，在其四周设置帷幔以增加私密性。而《木兰秋弥图》与《苑西凯宴图卷》中描绘了连接蒙古包的长方形帐幕，其分别对准蒙古包后门，与《文姬归汉图》中描绘的相反，但总体来看属于圆形与矩形相组合的平面形式，体现了住居功能的分化。

**组合式居住形态**                              表 2-4

| | 亭帐 + 宫帐 | | 门厅 + 宫帐 | 亭帐 + 木屋门厅 + 宫帐 | 亭帐 + 帷帐 + 宫帐 |
| --- | --- | --- | --- | --- | --- |
| | 四角攒尖式亭帐 + 宫帐 | 庑殿式亭帐 + 宫帐 | 木屋门厅 + 宫帐 | | |
| 侧面图 | | | | | |

| | 亭帐+宫帐 | | 门厅+宫帐 | 亭帐+木屋门厅+宫帐 | 亭帐+帷帐+宫帐 |
|---|---|---|---|---|---|
| | 四角攒尖式亭帐+宫帐 | 庑殿式亭帐+宫帐 | 木屋门厅+宫帐 | | |
| 主视图 | | | | | |
| 总平面图 | | | | | |
| 参考图 | | | | | |

清朝时期曾在圆明园含经堂内出现葫芦式、三合式、五合式等不同组合形式的蒙古包。三合蒙古包在清代到民国末年主要由蒙古王公活佛使用，其类型有前后连贯式和左右并列式两种，但最多不可超越三架[66]。推测由一大一小连贯而建的类型或许就是"葫芦式蒙古包"。五合蒙古包是典型的官式帐幕，由清帝和高僧活佛使用，梅花式蒙古包是其中的一种类型。据史料记载，搭建于含经堂南广场的梅花式蒙古包主要供乾隆皇帝修行和供佛使用，五合蒙古包中的西一座为佛堂，东一座为办事房，后一座为寝宫[67]。多空间的组合符合清朝王公贵族不同功能的使用需求，对现代蒙古包设计有着借鉴作用。

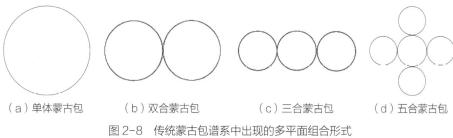

（a）单体蒙古包　　（b）双合蒙古包　　（c）三合蒙古包　　（d）五合蒙古包

图2-8　传统蒙古包谱系中出现的多平面组合形式

北方游牧民族的聚落形态可以分为"古列延""豁里牙""浩特""阿寅勒"四种类型。古列延是古代蒙古游牧屯营或军事驻防的形式[61]，在历史中古列延被称为圈子、营、翼等。《元朝秘史》释其为"圈子"或"营"。而随着草原地区水井和驿站的建设与增多，以"古列延"为主的集体游牧方式逐渐被"豁里牙""浩特""阿寅勒"等小规模的游牧组织方式所替代。但其平面空间组织形制皆表现出强烈的向心性。例如伊利汗国时期的宰相拉施特在《史集》中记载古列延，部落在屯营时以首领的帐幕为中心将车子围成一个圈子，规模达一千顶帐幕，算一个古列延。而"豁里牙""浩特""阿寅勒"等或是以羊群为中心，或是以家主的蒙古包为中心，形成向心圈。

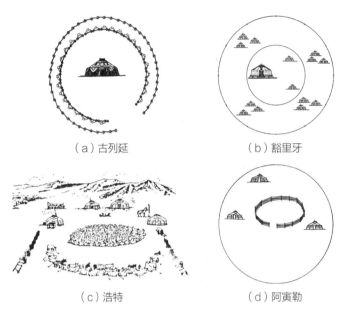

（a）古列延　　　　　　　（b）豁里牙

（c）浩特　　　　　　　（d）阿寅勒

图2-9　聚落平面形态
（资料来源：《蒙古族建筑的谱系学与类型学研究》）

## 2.1.5　结合外来建筑文化产生的建筑类型

而在今蒙古国地区受藏传佛教、汉族文化的影响则出现了蒙藏汉形式的建筑，其中多为寺庙建筑。"蒙汉式类帐幕"结合了蒙古族与汉族文化产生于16世纪，这一类型的创造可能是蒙古可汗为了实现多民族和睦共存，产生民族认同感。而且它在之后时间里一定程度上影响了中国北方建筑形制与组织方式。"蒙藏式类帐幕"是阿拉坦汗在16世纪中叶确定藏传佛教的主导地位而逐渐形成的一种建筑形制，最具代表性的两座建筑是于19世纪上半叶修建的"弥勒庙"和建于20世纪初的"国立中心剧院"。前者将类毡帐屋顶建筑置于藏式建筑之上，后者则直接将类毡帐建筑夹在了藏式建筑之中。16世纪之后逐渐流行于蒙古高原，汉式单檐歇山、攒尖顶置于藏式建筑之上，1838年建于蒙古国的甘丹寺就是蒙汉式建筑，在藏式建筑基座上修建汉式重檐歇山楼阁。

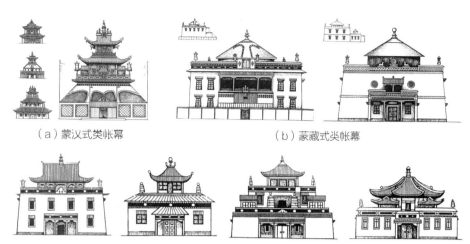

（a）蒙汉式类帐幕　　　　　　　　　（b）蒙藏式类帐幕

（c）藏汉式类帐幕

图2-10　类帐幕

（资料来源：《蒙古族建筑的谱系学与类型学研究》）

### 2.1.6　蒙古族建筑谱系中的转译因子

可将蒙古族建筑谱系中的转译因子概括为以下四个方面：由"材料变化"这一演化动因所引导的转译因子可总结为"建造与材料"，包括"原生态材料""装配式建造""可习得技艺"三个方面；由"环境"这一演化动因所引导的转译因子可总结为"基地适应性"，包括"半地下式""地上式""抬高式"三个方面；由"气候变化"这一演化动因所引导的转译因子可总结为"气候适应性"，包括"建筑类型适应性""建筑材料适应性"两个方面；由"功能需求"这一演化动因所引导的转译因子可总结为"功能多元性"，包括"类圆平面""多空间组合""聚落形态"三个方面。

传统蒙古包住居转译因子解析　　　　　　　表2-5

| 转译因子 | 图示 | | | | |
| --- | --- | --- | --- | --- | --- |
| 原生态材料 | 木材 | 蒲草等 | 牛皮钉 | 毛毡 | 马鬃绳 |
| 装配式建造 | | | | | |

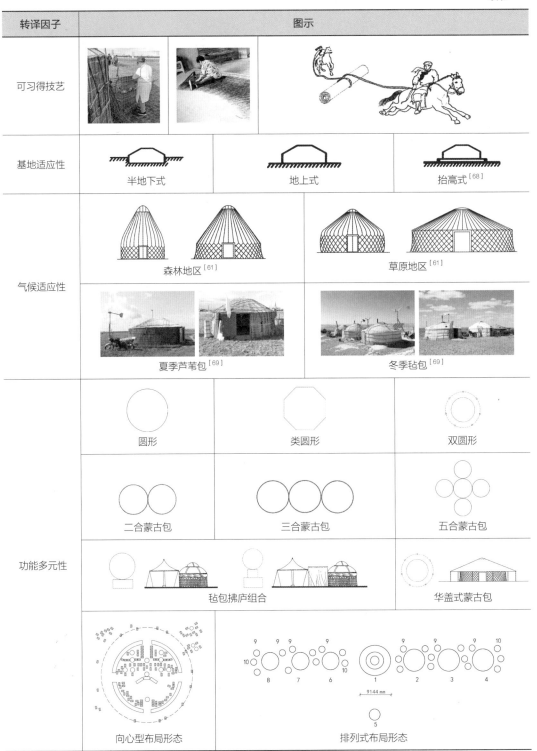

| 转译因子 | 图示 | | |
|---|---|---|---|
| 可习得技艺 | | | |
| 基地适应性 | 半地下式 | 地上式 | 抬高式[68] |
| 气候适应性 | 森林地区[61] | 草原地区[61] | |
| | 夏季芦苇包[69] | 冬季毡包[69] | |
| 功能多元性 | 圆形 | 类圆形 | 双圆形 |
| | 二合蒙古包 | 三合蒙古包 | 五合蒙古包 |
| | 毡包拂庐组合 | | 华盖式蒙古包 |
| | 向心型布局形态 | 排列式布局形态 | |

资料来源：《游牧变迁》《蒙古族图典·住居卷》

## 2.2　蒙古族住居文化中的转译因子

蒙古包不仅具有独特的建筑和艺术价值，同时还蕴含着丰富的文化内涵，其作为蒙古族文化的物质载体，反映了蒙古人对宇宙、社会以及人与人之间关系的认知。通过对《关于蒙古包建筑的空间文化解读传统蒙古包的建筑元素及其民俗背景分析》《论自然地理环境对蒙古族民俗的影响》《蒙古包的结构和空间义化的内涵》等文献的梳理，分别从不同视角对蒙古包的生活方式、生产方式进行了研究，并从中梳理出影响其生活生产行为的文化内涵，以期探求传统蒙古包文化中所蕴含的转译因子。蒙古包是蒙古民族创造社会互动关系的物质空间结构[70]，作为其精神世界的物质载体，其生活自始至终均处于这一被空间格局化的单一场域之内，并围绕其中心火炉形成了关于蒙古包内部的宇宙性、社会性与生活性的文化秩序。

### 2.2.1　感知维度中蕴含的转译因子

蒙古民族的感知维度主要体现在每日生活之中所表现出的人与人、人与场所之间关系的共时性之中。据《绥蒙辑要》所载："蒙古包之内，除中央一部铺毡子，富者则于正面设高座，入其包内，右方为男居所，来客于此处入座席位礼。正面稍左，斜置木柜，其上供佛像，前设佛具、乳肉，以黄油点小铜灯，此为'圣坛'，朝夕礼拜无缺，卧时无以足向

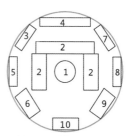

1. 火灶　2. 地毡　3. 神龛　4. 被桌　5. 男子用具
6. 马具　7. 女子衣箱　8. 碗架　9. 奶桶、水桶
10. 木门

图 2-11　传统蒙古包生活场景

上者。妇女之居所，设于左方，此处置纳贵重品之大小柜及庖厨器皿、水桶、食料等品。中央之空地设置铁炉，高约数尺，中燃兽粪，或炊，或取暖……就寝之际，则将铺在地上之毛布拂拭，用自身所穿之衣为夜具，仅解其带，和衣横卧"[71]。由此可见，蒙古人每日的生活，大到佛像的祭拜、座席的次序，小到入包的方式、日常的活动皆围绕火炉，遵循着严格的空间秩序而进行着。这些日常活动可以被概括为在以微缩宇宙为象征的蒙古包中共时发生并有序进行的场景活动，其秩序则表现在人与人之间、人与场所之间的关系之中。蒙古族的感知维度体现了其在蒙古包这一生活舞台中对于人与人、人与场所之间的关系中。

### 2.2.2　空间维度中蕴含的转译因子

蒙古人在蒙古包内的空间维度中主要表现为在空间上的一种行为规范，即空

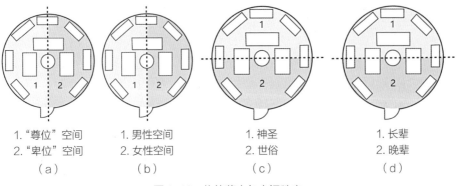

| 1. "尊位"空间 | 1. 男性空间 | 1. 神圣 | 1. 长辈 |
| 2. "卑位"空间 | 2. 女性空间 | 2. 世俗 | 2. 晚辈 |
| （a） | （b） | （c） | （d） |

图 2-12　传统蒙古包空间秩序

间秩序。例如西北方是神龛摆放的位置，代表神圣；东边与神灵无关，两者有严格的界限；北边代表神圣区，南边代表世俗区，二者也严格区分。其次它也对应着世俗生活中的秩序，西边与男性有关，东边与女性有关，北边与年长或掌握权力、财产者有关，南边与年轻人或者非重要成员有关[71]。由此可见，蒙古包内的空间秩序是围绕中心的火炉而进行的二元分立划分，所有家庭成员都严格遵守这一空间秩序，同时空间秩序也是社会秩序的表征。二者相互作用，从而体现了蒙古人对于人与社会之间关系的认知，即人在社会之中所应当遵从的秩序性。而由此则产生了其对于空间秩序性、中心性、仪式感的表现。

### 2.2.3　时间维度中蕴含的转译因子

　　蒙古包作为蒙古人精神世界的物质载体、微缩宇宙的象征同时反映了蒙古族人民对自然神的敬畏与崇拜。而这种宇宙观则具体体现在其对于人神共生性的认知之中。蒙古包内围绕中心火撑形成了其内部"神圣—世俗"空间的二元分立。而"神圣—世俗"的空间秩序又同时与"长幼尊卑"的社会秩序相共生。表现为以天窗东西走向的横木为界，火撑以南为世俗场所，置放日常生活和生产的工具器物，火撑以北为神圣场所，专门用来供佛拜祖[71]。而与之相对应的年长者在蒙古包中的座次需位于正北的区域或者北偏西的方向，年幼者则必须位于长者的下方，即南方。由二者在蒙古包内所呈现出的耦合性可见，蒙古族人的宇宙观反映在其对人与自然之间关系的认知之中，其对自然的崇拜反映在对"神圣—世俗"空间的二元分立之中，而这种空间格局的划分又与其社会秩序相共生、相作用。并由此产生其对于神性空间崇高感的社会化与世俗化，由此产生了其对于人神共生性的宇宙观。

### 2.2.4　蒙古族住居文化中的转译因子

　　原型（Prototype）是指人类世世代代长期积淀于内心深处的普遍性心理经验。在这里荣格所认为的"原型"是一种"原始表象"——集体无意识，对等的在 A. 罗西的原型理论中，将它表述为一种"永恒的内在组织原则"，是一种生活方式与形式的结合，而二者之间的区别在于建筑原型由一种不可见的生活方式和一种可见的形式构成，通过研究谱系发展史以及对这些"曾经的形式"的比较和解析，试图洞见到内在的组织原则，即转译因子。在当下的研究中则试图通过文献中所讨论的文化内涵来描述蒙古高原先民的生活方式中所缊含的内在永恒的组织原则——集体无意识。

**建成环境的意义内涵和蒙古包空间特性内涵对照表**　　表 2-6

| 蒙古包空间特性 | 建成环境意义及内涵 | 转译因子 |
| --- | --- | --- |
| 蒙古包按照想象中宇宙的形象构建而成，一个蒙古包就是一个天地的微缩，草原上所有的蒙古包便组成了整个蒙古族社会，其通过一种物质存在的方式使这种宇宙观在他们的集体生活中得到了时空上的传承和统一 | 高层次（时间维度）：指有关宇宙论、崇高感、文化图式、世界观、哲学体系和信仰等方面 | 宇宙性；<br>向心性；<br>完整性；<br>人与自然 |
| 蒙古先民宗教生活强调的秩序与世俗社会所要求的道德、秩序是一致的，天的原型其实是部落自身，而宗教生活反过来又通过一系列的信仰和仪式体系强化和再生产着世俗社会中的道德和秩序，社会结构由此得到整合和维持 | 中层次（空间维度）：意义是指有关表达身份地位、财富权利的，即活动行为和场面中潜在的，而不是效用性的方面 | 社会性；<br>秩序性；<br>仪式感；<br>人与社会 |
| 蒙古包内神圣与世俗、男女之间有着严格的空间秩序，由此而呈现出不同的生活分区，例如男性的生产工具（马鞍、马具）会放置在蒙古包的西侧，而女性的生产工具（奶桶、厨具）则会放置在蒙古包的东侧 | 低层次（感知维度）：日常的、效用性的意义，即识别有意布置的、场面之用途的记忆线索和因之而生的社会情境、期望行为等 | 生活性；<br>男女分区；<br>尊卑分区；<br>圣俗分区；<br>人与人 |

从建筑人类学拉普普特的《宅形与文化》和《建成环境的意义》中我们可以了解到，对于蒙古包这一特定的建筑形式就是为了支持游牧的生产生活方式而产生的。在原始的蒙古社会人们敬仰长生天，并保持着泛神论的信仰，对于他们来说天、地、山峦、树木万物皆有灵性，所以在蒙古人的心中"敬天"、尊重自然万物、遵守自然法则是"人"永恒的信仰。蒙古包的生活方式从这一角度来讲，就是进行"敬天"仪式化生活的"演练与学习场所"，而蒙古包的空间规范正是将精神信仰转化为行为规范的社会组织原则的具体化。所以在蒙古人的集体无意识中认为，只有在蒙古包内长大，经过蒙古包秩序空间行为规范培养的人，才是真正的蒙古人。所以蒙古包本身就是将天、地、人整合为一体的原型，既包含着敬天的生活方式，也具备支持这一生活方式的各种象征形象。例如穹庐的形象、乌尼的椽数、哈那尖的个数、使用的方位与分区等，都投射到蒙古天文、历法、生肖、计时的各个细节，从而成为一个整合体。基于文化人类学对文化的分类将其描述为高、中、低三个层次，分别对应着宇宙性、社会性、生活性三个转译因子。

## 2.3 蒙古包住居类型中的转译因子

由于历史和自然的原因，大约在 17 世纪前后，大量汉族移民进入蒙地，从漠南起游牧方式开始逐渐向农牧结合的生产方式转变。20 世纪的国有化、农庄化对草原放牧形成彻底的摧毁[68]。蒙古包的使用也在不断变化。由于生产生活方式的转变，传统游牧生活所必备的蒙古包也逐渐无法满足牧民日趋多样化的使用需求，由此牧民开始了对蒙古包的自发性改造，蒙古包内部的空间以及外部的营地空间都产生了不同程度的变化。

### 2.3.1 蒙古包自发材料置换

传统蒙古包的结构体系被多种材料所替代，就蒙古包的乌德（门）而言，其材料由最初的木门、铁门、塑钢门，到窗门结合，同时也运用了土坯、混凝土等现代建筑材料。虽然建筑材料、设施改变了蒙古包的材料构件，但始终不能淡化牧民内心的草原情结。

（a）柳编盖土坯房　　　　（b）土坯包　　　　（c）苏尼特布霍房

（d）组合式土坯包　　　　（e）木质蒙古包　　　　（f）钢构蒙古包

（g）混凝土蒙古包　　　　（h）砖包

图 2-13　类蒙古包
（资料来源：《蒙古族图典·住居卷》）

### 2.3.2 蒙古包外部空间需求

除蒙古包材料、室内布局的变化之外，配套设施也随着国家的发展、技术的进步产生变化。蒙古族牧民在轮牧过程中运输工具由最初的勒勒车到摩托车、卡车、轿车，同时大多数蒙古包前数十米设置木格构或铁丝网格羊圈，门前设有太阳能、电视接收器等设备。

传统蒙古包外部空间变化 表2-7

| 外部空间变化 | | | |
| --- | --- | --- | --- |
| 运输工具变化 | 勒勒车 | 摩托车 | 汽车 |
| 羊圈 | 木栏杆 | 羊粪砖砌筑 | 棚圈 |
| 其他功能 | 遮阳 | 晾晒 | 领域感 |
| | 防蚊、通风 | 储藏 | 夏季厨房 |

（资料来源：《蒙古族图典·住居卷》）

### 2.3.3 蒙古包室内空间变化

传统蒙古包室内布局一般在中心放置火撑，西北侧供奉佛龛，西侧即蒙古包右侧，为男性区域，放置马具、猎具等男性生活用品；东侧即蒙古包左侧，为女性区域，放置橱柜、炊具等女性生活用品；地面铺有多层羊毛制成的毛毡，具有保温效果，休息时席地而睡。而在定居化时代，随着社会技术的进步，室内建造材料亦趋于多样化，牧民生活条件不断优化。

（1）室内布局变化：室内空间布局基本保留了传统方式，但中心的火撑多数变为火炉，有的甚至使用方桌来代替，西北与正北侧除了放置佛龛与成吉思汗像之外，也会放置全家福或一些家用电器，如电视、收音机等。同时现代家用电器的进入也逐渐打破了传统蒙古包中男女用具分置的空间格局。

（2）就寝空间变化：传统蒙古包内牧民的就寝空间基本上为铺有毛毡的地面，而随着定居时代的到来，受汉族文化的影响，部分地区的蒙古包内出现了半圆形的火炕、围绕中心火炉三面铺设台基或地砖以及东、西两侧放置矮床的形式。

传统蒙古包室内现状变化[69]　　　　　　表2-8

| 半圆形就寝空间 | 不规则就寝空间 | | 对称就寝空间 |
|---|---|---|---|
| 炕 | 地毡 | 局部抬高 | 床 |
| | | | |
| 1. 被褥　2. 杂物<br>3. 火炕　4. 橱柜<br>5. 碗柜　6. 奶桶<br>7. 垃圾桶　8. 马具<br>9. 柜子　10. 火炉<br>11. 炕桌 | 1. 成吉思汗像<br>2. 木柜　3. 茶桌<br>4. 电视柜　5. 洗衣机<br>6. 火炉 | 1. 现代储物柜　2. 被褥<br>3. 马具、猎具　4. 佛龛<br>5. 枕头　6. 成吉思汗挂像　7. 狼挂像　8. 传统木柜　9. 冰柜<br>10. 橱柜　11. 柜子<br>12. 茶桌　13. 火炉 | 1. 沙发　2. 木床<br>3. 木柜　4. 茶桌<br>5. 火炉　6. 碗柜<br>7. 牛粪箱 |
| | | | |
| | | | |
| | | | |

| 半圆形就寝空间 | 不规则就寝空间 | 对称就寝空间 |
|---|---|---|
|  | | |

（资料来源：《蒙古族图典·住居卷》）

现代蒙古包室内布局较传统蒙古包内秩序弱，整体呈现淡化趋势，正如拉普普特在《建成环境的意义》一书中所提到的："最高层的意义经常会转化，从具有崇高感的神性空间转化为对尊重自然且平易近人的空间，不再具备神性空间的神秘感，现代之后应使人感觉更具亲和力，由此反而是最高层次的转化。"

### 2.3.4 住居类型中的转译因子

住居场景中的住居期待主要表现为对于现代化生活的期待、含自由度的秩序性、舒适性需求等；定居后自发产生的材料置换、门窗变化、聚落布局变化、地炕的普及，以及电器、辅助用房的出现等。综合主要启发如下：

第一，自主的材料更新与类型更新。在蒙古包发展的过程中自发地进行蒙古包材料置换建构转译，柳条包、木骨泥墙包、钢管包、混凝土包都是在近百年定居的过程中自发探索的有效可借鉴类型，满足物理环境舒适性需求。

第二，适于现代生活的多元化功能需求。蒙古包的当代使用情况中，蒙古包周围出现夏季厨灶，外部临时餐饮空间。在蒙古包中不难发现现代家用电器已经不断进入。这些表明住居功能分化，舒适度和生活现代化的需求是不可避免的。

当代蒙古包转译因子解析　　　　表2-9

| 需求 | 特征 | 转译因子 | |
|---|---|---|---|
| 舒适性需求 | 多样性（毛毡、土坯、芦苇、砖、木材、钢、混凝土） | 自发的材料置换 | 功能多元化 |
| 现代化需求 | 多样性、舒适性（炕、电暖设备）、便利 | 现代化生活方式 | |
| 功能分化需求 | 多元性（就寝位置、中心布局、北侧位置变化、现代化设施、铺地方式） | 室内空间变化 | 空间多义性 |
| | 运输工具变化、羊圈、遮阳、晾晒、领域感、防蚊、通风、储藏、室外地灶 | 室外空间需求 | |

由此，可将当代蒙古包住居类型中蕴含的转译因子概括为由"舒适性需

求""现代化需求"所引导的"功能多元化转译因子"以及由"功能分化需求"所引导的"空间多义性"转译因子两个方面。

## 2.4 蒙古包住居场景中的转译因子

通辽市扎鲁特旗格日朝鲁苏木敖包嘎查夏营地在民族构成、生活方式、生产方式、传统文化等方面都具有一定的代表性。敖包嘎查全部是蒙古族，其生活生产方式呈现复杂化，牧民每家都有土地，但主要以放牧为生，春、

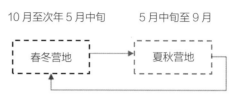

图 2-14　轮牧一个生产周期转场时间示意

冬营地固定在 20 世纪 30 年代逐渐形成嘎查里，夏、秋营地则在 200 公里以北的集体草场上，生活生产方式属于"定居—走敖特尔 + 轮牧"。

### 2.4.1 蒙古包与基地的关系

传统的蒙古包在搭建时不会过度破坏基地，只是挖一个浅坑，将哈那的底端埋在土里，室内地面铺置羊粪再覆盖土，尽量减少对草场的破坏，当离开时会将草场的坑再填回去保持原状。自从 20 世纪 80 年代"家庭联产承包责任制"实施以来，草场划分承包到户，牧民的放牧范围再次缩小，虽然是集体草场，牧民没有用铁丝围起来，但是常年来这里的牧民已经心照不宣地明确了自己的牧场范围，而蒙古包的搭建地址也是约定俗成的了，甚至有的已经建立了一劳永逸的圆形水泥基座来明示蒙古包的安放位置。现代夏营地上蒙古包地基的处理方式主要为全草地、半草地半硬化、全硬化三种形式，其中全草地和全硬化的形式相对较少，半草地半硬化形式相对较多。

**蒙古包与基地的关系对比**　　　　　　　　　　　表 2-10

| | 半草地半硬化 | | 全硬化 | | | |
|---|---|---|---|---|---|---|
| 平面图 | | | | | | |
| 照片 | | | | | | |

全草地的基地有一圈水泥基座用来安放哈那。半草地半硬化的地面使用较多，草地上垒砌的砖块上铺床板。全硬化的分为水泥硬化、砖地硬化和素土硬化，硬化后的地面容易清理、防水防潮，同时蒙古包内的卫生也比较干净。三种基底在处理上周边都有一圈抬高的水泥基座用以安放哈那。由此可以看出，牧民对待蒙古包基座的态度已经不同于传统，有了防护和审美的需求，但是尽可能对地面做较少的处理。

### 2.4.2 蒙古包内的陈设及空间使用

传统蒙古包内的陈设与方位、秩序有着密切的关系，在蒙古包的中央放置火炉，西北方向是尊位，一般要供奉祖先或者成吉思汗的画像；西面是男人活动的地方，放置男人的物品，靠近入口处放置马具；东侧是女人活动的范围，由北至南依次是女人的衣箱、橱柜、奶桶，蒙古包内的空间秩序明确，且禁止逾越，正是这种空间规范保证了蒙古包的舞台性和仪式感。然而，因时代的转变，牧民为适应现代生活的需求，室内陈设发生了不同程度的变化。大多数的蒙古包内部陈设还按照北方是尊位，挂置成吉思汗的画像，而西边是男人活动的范围，放置着马具，东边是女人活动的范围，放置着衣箱、橱柜、水桶等。但不同的是更加注重人本共生性，空间规范不再那么一成不变，如在西侧的铁质哈那上也挂着女人和小孩的衣物，火炉的位置也有放在东侧或西侧的。此外包内还多了电视，电视的位置也不是固定的，但可以肯定的是，男人和女人的活动范围是一定的。

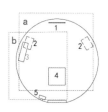

1. 成吉思汗像
2. 被子
3. 奖牌
4. 方桌
5. 马鞍

1. 储衣箱
2. 被子
3. 方桌
4. 米、面
5. 杂物
6. 水桶
7. 厨具

1. 被子
2. 储衣箱
3. 方桌
4. 马鞍
5. 电视

1. 被子
2. 衣物
3. 杂物
4. 电视
5. 方桌

图 2-15 夏营地蒙古包内陈设平面实测及实景照片

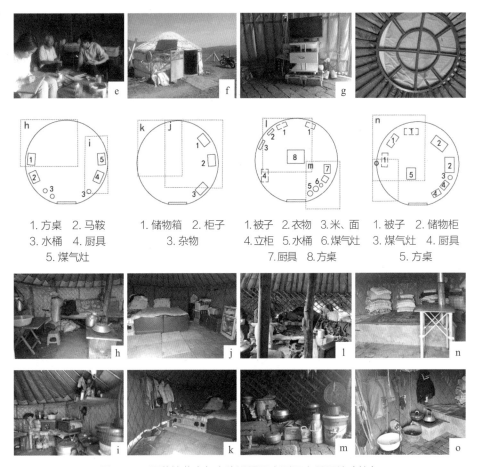

1. 方桌　2. 马鞍
3. 水桶　4. 厨具
5. 煤气灶

1. 储物箱　2. 柜子
3. 杂物

1. 被子　2. 衣物　3. 米、面
4. 立柜　5. 水桶　6. 煤气灶
7. 厨具　8. 方桌

1. 被子　2. 储物柜
3. 煤气灶　4. 厨具
5. 方桌

图 2-15　夏营地蒙古包内陈设平面实测及实景照片（续）

## 2.4.3　与蒙古包相关的行为与空间

行为与空间关系　　　　　　　　　　　　　表 2-11

| 时间 | 位置：父亲—○母亲—● | | 行为活动 |
| --- | --- | --- | --- |
| 4:00-5:20 | | 母亲 | 1. 挤奶　2. 生火做饭　3. 喂小羊　4. 整理蒙古包 |
| | | 父亲 | 1. 出门赶羊　2. 整理套马杆 |

| 时间 | 位置：父亲—○ 母亲—● | | 行为活动 |
|------|----------------------|---|----------|
| 5:20-8:00 | | 母亲 | 1. 晒被子　2. 休息　3. 准备吃饭　4. 吃饭　5. 煮奶 |
| | | 父亲 | 赶羊回来休息 |

| 8:00-11:40 | | 母亲 | 1. 收拾东西　2. 休息 |
| | | 父亲 | 1. 外出看羊　2. 铲羊粪　3. 吃早饭　4. 休息 |

| 11:40-18:30 | | 母亲 | 1. 做饭　2. 吃饭　3. 清扫　4. 休息　5. 外出看羊 |
| | | 父亲 | 1. 外出看牛羊　2. 吃饭　3. 午休 |

| 18:30-22:00 | | 母亲 | 1. 捡牛粪　2. 出门打水　3. 做饭　4. 吃饭　5. 睡觉 |
| | | 父亲 | 1. 休息　2. 外出赶牛羊　3. 吃饭　4. 睡觉 |

蒙古包生活功能的舞台感主要表现在男人和女人在每日的生活中按照自己的家庭角色在蒙古包这一生活舞台上上演不同的剧情。例如，清晨四点左右，女主人便开始了一天的忙碌，倒垃圾、烧水、挤奶、做饭，而男主人则稍晚，起来之后便出去赶牛羊；回到蒙古包吃饭，男人毫无悬念地从西侧入席，女人则在东侧，中午休息时这种空间关系依然保持不变，变的只是行为内容，不难发现蒙古包内一天的行为都与生活、生产有着密切的关系。

牧民一天的生活都是以蒙古包为中心，以牛羊为重点而展开的。在包内火炉作为中心，既划分了男女的位置关系，同时又将男女的"剧情"联系起来成为一个整体，在蒙古包的周边也衍生出潜在的需求空间。例如，早上蒙古包的西北侧是一片阴凉地，牧民就摆桌在此吃饭；在下午，蒙古包的东南侧是阴凉地，牧民会在此洗衣、洗菜、吃饭、喝茶、洗碗等。但是，早上西北方向的风是很大的，饭菜很容易就会凉，而下午天气闷热，蚊子也多，且蒙古包的高度有限，阴凉的面积不是很理想。说是牧民已经习惯了，倒不如说是没有更好的选择。

## 第 3 章

蒙古包住居原型转译框架构建

本书所关注的核心问题是"蒙古族传统住居文化在社会转型期间如何传承与发展"。在蒙古包住居原型转译框架构建中通过引入扎根理论方法，以实际调研的方式，从使用者的角度出发，对"当代蒙古族牧民住居需求"这一问题进行深入探讨，得出影响蒙古族牧民住居需求的 4 个主要范畴，而后通过实践和理论结合的方式对转译指向进行探讨，回答"如何传承"的问题。将问题回归到建筑学现代建筑理论范畴之中，有针对性地选择该领域相关的理论体系解决转译指向问题，从而构建蒙古包住居原型转译框架。

## 3.1 当代蒙古族牧民住居需求解析

### 3.1.1 扎根理论研究方法的整合使用

扎根理论研究法（Grounded Theory Approach）又称根基理论研究法，由美国哥伦比亚大学格拉泽（Glaser）和施特劳斯（Strauss）提出，其并非一种实体理论，而是一种从资料中建立理论的方法论，是一种研究路径，一种质性研究方法，其主要宗旨是"提倡在基于数据的研究中发展理论，而不是从已有的理论中演绎可验证性的假设"[72]。

通过田野调查，扎根理论的数据收集与编辑，从蒙古包住居中获取最为真实的第一手资料，解析蒙古包住居中深植于蒙古牧民集体无意识中的住居原型，探究当今生活中迫切的住居需求，与前任研究共同确定最终的转译因子与转译指向，获得牧民住居需求的主范畴与子范畴，指导后续研究的进行。并组织专家访谈，进行饱和度检验，确保数据的全面性。

在访谈数据的收集处理过程中，不设置理论假设，一切从现实出发，搜集原初材料并进行归纳总结，最后概括上升为理论。这是一种自下而上建立实质理论的方法，即在系统收集资料的基础上，进行归纳分析，逐步形成相关的理论框架。基于 Glaser 方法的多步分析技术，基本步骤如下：

①研究对象的选择：有目的地抽样选取受访者。

②深度访谈：深入挖掘问题的相关信息，找出访谈资料的类别和特性。

③初始编码：强调文本中关于研究问题的关键术语进行逐级编码，形成范畴化。

④主轴编码：将相似的观点组合在一起来划分类别，总结核心分类，其中大部分结果可以纳入理论范围。

⑤理论编码：通过分析主范畴之间的逻辑关系和关联性，在主范畴之间建立

联系，并得出核心范畴。

⑥产生实质的理论：根据上述联系建立研究问题的理论模型。

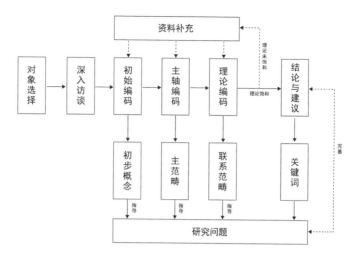

图 3-1　扎根理论研究方法流程图

### 3.1.2　数据收集与分析编码

（1）访谈对象选取

扎根理论作为一种定性研究方法，其科学性已被论证，它区别于定量研究法，在研究样本的选择上主要遵循以理论构建为目的的抽样调查，当不再出现新的范畴与概念时则视研究达到理论饱和，随即不再增加新的研究样本数量[72]。

研究样本的选取从具有牧区生活经历的个体中进行，同时为保证访谈者与受访对象避免因为语言不通而导致的原始数据采集出现偏差的情况，访谈对象的样本选取涵盖了多层次的性别、年龄、文化程度和文化背景，并采取深度访谈的方式挖掘每一个样本背后所涵盖的有效数据，初步完成访谈的对象为30人，后续通过不断的数据对比，依据样本的代表性以及研究者对于研究问题的敏感度最终确定研究样本为19人，均为蒙古族且都具有牧区生活的经历，其中蒙古族牧民为10人，蒙古族学生为6人，蒙古族建筑师为2人，蒙古学专家为1人。

受访者概况　　　　　　　　　　　　　　　表 3-1

| 样本层次 | 资料数据特点 | | | |
| --- | --- | --- | --- | --- |
| | 样本特点 | 专业背景 | 语言表述情况 | 样本筛选理由 |
| 牧民 | 男性7人，女性3人 年龄结构20～79岁 | 游牧生活 | 熟悉运用蒙语 | 直接意愿 |

| 样本层次 | 资料数据特点 | | | |
| --- | --- | --- | --- | --- |
| | 样本特点 | 专业背景 | 语言表述情况 | 样本筛选理由 |
| 蒙古族专家 | 男性1人<br>年龄38岁 | 蒙古包研究学者 | 熟悉运用<br>蒙语、汉语 | 具有文化深度<br>的信息 |
| 蒙古族学生 | 男性3人<br>年龄结构24~25岁 | 建筑学背景 | 熟悉运用<br>蒙语、汉语 | 专业敏感度 |
| | 女性3人<br>年龄结构20~23岁 | 高等教育 | 熟悉运用<br>蒙语、汉语 | 对照样本 |
| 蒙古族建筑师 | 男性2人<br>年龄结构25~35岁 | 建筑学<br>实践者 | 熟悉运用<br>蒙语、汉语 | 专业敏感度<br>专业实践 |

### （2）访谈提纲设计

**访谈提纲**　　　　　　　　　　　　　　　表3-2

| 访谈主题 | 相关问题 | 目的 | 作用 |
| --- | --- | --- | --- |
| 行为活动 | 您家里的日常活动有哪些？节庆活动有哪些？<br>仪式有哪些？ | 了解受访者的日常行为活动情况 | 从日常生活入手，创造轻松的访谈氛围 |
| 现有住居状况 | 您现在的居住环境有哪些缺陷？有哪些比较满意？<br>您希望对哪些地方进行改变？<br>您对现在的居住状况是否满意或现在的居住状况满足日常行为（包括特殊仪式）需求吗？<br>您认为蒙古包对蒙古人来说处于什么样的地位？<br>您如何看待蒙古族游牧和定居这两种生活状态？ | 了解受访者现在的住居状况、满意程度、改进需求、社会观念 | 进入主题，引导出受访者对居住状况的现实感受 |
| 意识中的住居 | 您对家的理解是什么样的？<br>请问您记忆中的草原居住状况发生了哪些变化？<br>您期望的家园是什么样的？住居是什么样的？家庭生活中需要哪些空间？ | 了解受访者印象中的住居状况、期望的居住环境 | 深入探讨受访者印象中的住居环境，开放式问答，避免引导受访者 |
| 受访者背景 | 性别、年龄、文化程度、草原居住时间、家庭住址 | 了解受访者的基本信息 | 最后提出，消除受访者的防备心理 |

访谈法可分为结构式访谈、无结构式访谈，以及半结构式访谈三种类型。通过权衡比较，选择以半结构式访谈为标准制定访谈提纲，其与本研究的契合性在于半结构式访谈是按照粗线条式的访谈提纲而进行的非正式访谈，一方面可避免结构式访谈呆板、缺乏弹性且无法对访谈深入挖掘的缺陷，另一方面又能弥补无结构式访谈漫无目的、耗时费力的访谈弊端。同时半结构式访谈可以使研究者更加自由灵活地把控访谈的内容及进度，充分发挥访谈双方的互动性，从而更深层

次地挖掘所需信息。

半结构式访谈要求以粗线条式的访谈提纲入手，因此在提纲设计阶段，以了解受访者的"社会文化及观念、过去及当前的住居状况、期待的住居环境、公共生活及教育、行为与空间"为导向，进行粗线条式的提纲设计，并依据实际状况的需要在访谈过程中灵活地对其进行调整，从而达到对受访者潜在意识的深度发掘。

（3）访谈数据收集

从访谈围绕提纲入手并根据研究者的经验推动访谈的深度，要做到深入日常谈话的表面之下，即对受访者进行适当的客观引导以发掘其所描述经验背后的问题。为保证数据的准确无误，访谈采取现场录音、后期整理的方式进行数据的收集，在整个数据收集的过程中研究者需保持客观的态度，以避免对数据的客观性产生干扰。依据上述原则分别对19名受访者进行深入访谈，平均每名受访者的访谈时间为30～60分钟，并对访谈录音资料进行整理，最终得到共计3万余字的访谈原始数据。

（4）数据编码分析

完成原始数据的收集后进入扎根理论数据编码环节，这一环节要求研究者对原始数据进行分析并逐级编码，其主要分为初始编码与主轴编码2个阶段。

①初始编码："包括为数据的每个词、句子或片段命名"[72]，即将原始数据中与牧民住居需求这一研究主题相关的想法、事件和行为的词、句子或片段进行"贴标签"，从而形成关于研究主题的初始代码。之后将初始代码进行逐级编码。即当出现两个或两个以上相似的初始代码，其就会被定义为一个概念。再根据这些概念的相同点或不同点进行分类，形成"范畴化"。（见附录2）

②主轴式编码：首先对范畴化内容进行聚焦编码，使其更具有指向性、选择性和概念性，在该阶段已对基本的主范畴有了大致的确认，对与主范畴有更大关系的数据进行筛选，最终通过逐级编码的方式整理形成4个主范畴与19个子范畴。

**主范畴、子范畴及内容说明表**　　　　　　表3-3

| 主范畴 | 子范畴 | 内容说明 |
| --- | --- | --- |
| I<br>住居<br>方式 | 1. 空间 | 空间尺度、空间布局、空间品质 |
| | 2. 功能 | 使用方式、承载所有生活活动、基础设施、功能需求 |
| | 3. 物理环境 | 采暖保温、大自然的原始气味、早晨潮湿、饮水不便、夏季凉爽、难抵寒冷 |
| | 4. 生产模式 | 政策、农耕和放牧、外出打工、购买食材和日用品、交易粮食和牲畜 |
| | 5. 生活方式 | 日常活动安排、娱乐休闲活动 |
| | 6. 居住形态 | 散居、联合家庭居住方式、夏季住蒙古包、传统蒙古包的居住经历 |

| 主范畴 | 子范畴 | 内容说明 |
|---|---|---|
| II 建造与环境 | 1. 自然环境 | 草场状况、生态状况、蒙古族的马牛羊骆驼依赖环境 |
| | 2. 结构材料 | 蒙古包结构、材料及其技术革新的构造变化 |
| | 3. 建构方式 | 搭建、用材讲究、技术更新、易拆卸迁移 |
| III 文化认同 | 1. 祭祀活动 | 如"祭敖包""祭火""祭天""拜山神""祭祖先" |
| | 2. 节庆活动 | 如"祖鲁节""小年""马文化节""正月十五打猎" |
| | 3. 习俗礼仪 | 基本礼仪、餐桌礼仪、蒙古包内的规矩、座次秩序及等级、尊老爱幼等 |
| | 4. 物质体现 | 服饰、餐饮、工艺、蒙古包本身的文化属性 |
| | 5. 观念意识 | 文化内涵、传统、蒙古族文化的重要性、传承 |
| | 6. 精神信仰 | 宗教信仰、民族精神、自然物崇拜、英雄崇拜 |
| IV 情感归属 | 1. 住居倾向 | 选择居住蒙古包、喜欢游牧生活、不习惯城市环境、民族情感、归属感 |
| | 2. 感官体验 | 空间、味觉、嗅觉、视觉等多维度感官因素,蒙古包给人安静的感觉,更具亲近感、特别的感觉,牧区使人的心情舒畅 |
| | 3. 追求自由 | 自由自在、轻松、开放、开阔 |
| | 4. 热爱自然 | 对自然依赖,爱护、信仰并融合自然,崇拜自然物,珍爱与游牧生活息息相关的动物 |

### 3.1.3　理论模型构建

　　理论编码是理论模型建构的实质性阶段,主要是将在主轴式编码过程中形成的主范畴之间可能的关系变得具体化[72],并获得核心范畴。通过主轴式编码获得 4 个主范畴,分别为住居方式、建造与环境、文化认同、情感归属。本小节通过理论编码对 4 个主范畴进行分析,从而使其之间的关系变得具体化,并形成围绕核心范畴的理论模型建构。

图 3-2　当代蒙古族轮牧类型牧民蒙古包住居需求理论模型

（1）主范畴分析

①住居方式。包括空间、功能、物理环境、居住形态、生产模式、生活方式六个子范畴。蒙古族牧民的生产方式是游牧文化背景下的一种独特形式。"逐水草而居"的移动式的放牧生产模式衍生相应的游牧的生活方式，同时也形成了相适应的蒙古包的住居形态。而伴随着当代蒙古族牧民生产生活方式的变化，蒙古族牧民的居住形态也呈现出不同的类型。如一位青年蒙古族建筑师谈道："……那个时候草场没划分，所有的人在我们的草场上随便放牧，但是后来草场划分以后只能在自己的草场里边放羊，这样的情况下，住在村里就不方便，导致很多人都在自己的草场上盖房子……"而新的住居形态包括轮牧生活中在夏营地使用的蒙古包和在冬营地定居使用的砖瓦房以及在旗里、市区里的住宅楼等。

②建造与环境。包括自然环境、结构与材料、建造方式三个子范畴。牧区的草场是夏营地蒙古包的主要环境。蒙古族人重视环境的保护，不会轻易破坏草场，珍视草原的牲畜并尊重其本身的特性。如一位蒙古族牧民谈到其对于对草原的认识时，他回答道："草原是生存的必要条件，蒙古族是信仰大自然的，不会做出破坏大自然的事情。"同时在访谈中受访者也多次提及蒙古包采用的柳木条、绑扎用的牛绳、围覆的毛毡均是取自于大自然的天然材料。并且蒙古包哈那的编制和绑扎，易于搭建和收纳且适用于游牧迁移。

③文化认同。包括祭祀活动、节庆活动、习俗仪式、物质体现、观念意识和精神信仰六个子范畴。祭祀和节庆活动是蒙古族民族文化最典型的代表形式，对它们的传承反映了蒙古族人对大自然的尊崇以及对集会性仪式的重视，同时这些活动也影响着蒙古人的行为方式，蒙古族人认为最能代表蒙古包文化的是精神。如一位受访者提及："我认为每个蒙古族的文化遗产都是很重要的，尤其精神信仰方面是最重要的，比如说蒙古包，它代表了蒙古族的游牧生活，进屋的时候不能踩门槛，坐的时候按照从长辈到小孩的次序，像我们这种年轻人不能坐在重要的位置，左侧是什么样的人，右侧是什么样的人是分明的，有很多秩序。中间用来生火、采暖，不只是采暖，它放在蒙古包的中心有它的道理。"访谈中牧民、学者和蒙古族的青年人都对蒙古族文化有强烈的认同感。

④情感归属。包括感官体验、住居倾向、追求自由和热爱自然四个子范畴。蒙古包是游牧民族在草原之上赖以生存的一种栖居方式，其能够使蒙古族人在均质化的茫茫草原环境中获得归属感和认同感，给予其"家"的感觉。蒙古包在草原环境下表达了游牧文化的特性，在传统和历史的演进中形成了独属于蒙古族人"集体无意识记忆"下的感情认同和感官体验。

**（2）联系范畴**

生存环境与周边因素的改变会对牧民在住居方式的选择上产生影响，同时住居方式的转变又会影响建造的方式。而在两者相互作用的过程中，牧民则会根据其对本民族文化的认同以及对情感归属的需求，对现有的住居方式进行修正。

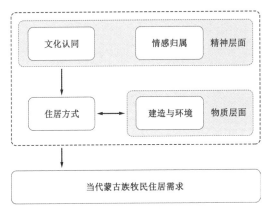

图3-3　蒙古牧居需求理论模型联系范畴分析

由此可见，在4个主范畴之中以"住居方式"为核心范畴，与物质层面的"建造与环境"是相互作用、相互影响的关系，而精神层面的"文化认同"与"情感归属"则会对"住居方式"产生矫正性影响。

### 3.1.4　饱和验证

理论饱和是指当搜集的新鲜数据不足以支撑产生新范畴时，则该类属便"饱和"了。为了验证前文扎根理论做出的当代蒙古族牧民住居需求的理论模型是否理论饱和。本书分别对六位不同类型的信息携带充分的学者以及个性样本进行了深度访谈，将得出的结论与已有的主范畴进行一一比对，来对已建立的当代蒙古包牧民住居需求理论模型进行饱和度验证。一方面经过验证后，证明已有的理论已经饱和，并没有出现新的范畴，另一方面，产生了一些新的概念对已有范畴进行补充说明。下文将全面论述。

**（1）访谈对象选取**

受访者概况　　　　　　　　　　　　　　　表3-4

| 样本类别 | 年龄 | 身份 | 民族 | 样本选取缘由 |
|---|---|---|---|---|
| 样本A | 25 | 蒙古国学生 | 蒙古族 | 来自蒙古国的留学生，有蒙古包居住经历，自小受蒙古族传统文化熏陶 |

| 样本类别 | 年龄 | 身份 | 民族 | 样本选取缘由 |
|---|---|---|---|---|
| 样本 B | 30 | 建筑师 | 蒙古族 | 青年蒙古族建筑师，专业为建筑学，从事生态建筑研究 |
| 样本 C | 55 | 职业建筑师 | 汉族 | 知名建筑师，专注于地域建筑创作，并有很多作品实地建成 |
| 样本 D | 40 | 学者 | 蒙古族 | 资深民俗学者，研究社会学、人类学。主持了国家社科相关题目研究 |
| 样本 E | 20 | 牧民 | 蒙古族 | 本地生活的有蒙古包居住经历的蒙古族大学生 |
| 样本 F | 65 | 建筑学者资深建筑师 | 汉族 | 地域建筑创作研究资深学者 |

### （2）访谈提纲设计

访谈提纲　　　　　　　　　　　表3-5

| 访谈主题 | 相关问题 | 目的 | 作用 |
|---|---|---|---|
| 个人背景 | 性别、年龄、文化程度、宗教信仰、居住方式、居住经历 | 相关信息获取 | 情景进入 |
| 情感评价 | （1）您在蒙古包里住的时候有什么感受？<br>（2）相比于现代居住空间，有什么特殊的感官体验及心理感受呢？ | 感官评价获取 | 情景融合 |
| 住居环境 | （1）自然环境与蒙古包有什么相互联系和影响？<br>（2）蒙古族人对于自然环境的态度是怎样的？ | 基础数据收集 | 深入表述 |
| 文化精神 | （1）蒙古族文化内涵是什么？蒙古包在其中扮演着什么样的角色？蒙古包和蒙古包文化中最值得传承的是什么？<br>（2）您认为在蒙古包的日常生活中有哪些规矩、习俗会影响人的言谈举止？<br>（3）蒙古族有哪些节庆活动或者仪式性活动呢？<br>（4）哪些因素会影响游牧生活下蒙古包住居中的行为？<br>（5）蒙古族文化、蒙古族人最突出的特点是什么？ | 了解被访者对蒙古族传统文化的态度和想法 | 深化思考 |
| 未来发展 | （1）现代文明对于蒙古包有什么影响？<br>（2）您怎么看待蒙古族旅游业的发展？<br>（3）对于蒙古族人来说最理想的住居方式及生活方式是什么样的？ | 了解被访者对蒙古族文化以后发展的看法 | 引导受访者主观发挥 |

### （3）数据编码结果

对六位被访者进行了半结构式的深度访谈，对录音文件整理后得到了将近十万字的文稿，利用扎根理论的编码方法对文稿进行了开放式整理，得出了237条范畴化概念。理论性饱和通常是通过交替性收集和分析数据得到的。为减少验证过程的误差，将开放式编码后出现的范畴化概念直接与原有的四个主范畴之下的子范畴进行如表 3-6 的——比对。

（4）饱和度验证

为验证已经构建的当代蒙古包牧民住居需求的理论模型是否饱和，对六位身份背景不同的特殊样本做了深度访谈，将他们的访谈内容进行编码以后与已有的主范畴进行了——比对，得出当代蒙古族牧民居住需求理论模型已经饱和，没有出现新的理论来支持新的范畴。同时，牧区旅游业以及个体差异分别对"生产模式"和"观念意识"这两个子范畴内容作了补充说明，进而使得"住居功能"和"文化认同"两个主范畴内容更加丰富完善，也使由扎根理论得出的当代蒙古包牧民住居需求的理论模型更具科学性和客观性，为蒙古包住居原型的现代转译研究提供理论基础。

数据对比分析　　　　　　　　　　表 3-6

| 主范畴 | 主范畴对比 | | | |
|---|---|---|---|---|
| 住居需求主范畴 | 住居方式<br>空间<br>功能<br>物理环境<br>居住形态<br>生产模式<br>生活方式 | 建造与环境<br>自然环境<br>结构与材料<br>建造方式 | 文化认同<br>祭祀活动<br>节庆活动<br>物质体现<br>习俗仪式<br>观念意识<br>精神信仰 | 情感归属<br>情感倾向<br>感官体验<br>追求自由<br>热爱自然 |
| 特殊样本访谈主范畴 | 住居功能<br>空间<br>功能<br>舒适性<br>住居方式<br>住居现状<br>生产方式<br>生活方式 | 建造与环境<br>自然环境<br>蒙古包构件<br>蒙古包建造 | 文化精神<br>习俗禁忌<br>空间文化<br>文化传承<br>精神意识 | 情感认知<br>感知体验<br>情感倾向<br>个体差异 |

## 3.2 住居需求与建筑理论的耦合

### 3.2.1 文化认同主范畴理论解析

草原文化是经过千百年的积淀，凝聚着千百年来的生存经验与文化信仰的综合存在，在访谈资料中提到游牧生活与蒙古包以及草原的辽阔壮丽与牧民的宽阔胸怀是息息相关的；在蒙古包之中，蒙古包的顶是"天似穹庐"的象征，蒙古包将整个天空融入自身，是牧民崇拜天空的体现，同样也是宽阔胸怀的表征；穹顶之下，中心的火炉点起温暖的篝火，全家人围绕着火炉进食、睡觉、举行仪式活动，作为中心，它不仅仅带来了整夜的温暖，更带来了全家那不朽的凝聚力。

建筑类型学指把一个连续、统一的系统（Continuum）作分类处理的方法用于建筑[1]。将建筑以分类的方法，分门别类，探寻各个类型之后的"原型"，而在本题中的"原型"则是凝聚着所有牧民内心深处的集体无意识；建筑类型学通过探究"原型"来揭示建筑、人、生活与文化之间的关系，帮助人们认识建筑、分析问题，以及解决问题并指导建造。

建筑人类学认为，建筑的建成形式，是由以文化影响因素为主导，多种影响因素共同作用而形成的；文化直接影响着人们价值观与世界观的形成，从而促使人们在建筑功能、地位彰显、封闭程度等建成形式上产生不同的需求。相比于气候、地理、建造技术、建筑材料等因素而言，文化的影响力更为深远。建筑的建成形式凝聚着人们的价值取向，承载着民族文化，同时也为居民提供必要的保护功能与使用功能。

对于"文化认同"主范畴的转译框架构建，文化认同存在于荣格所描述的"集体无意识"之中，并且表现在对建成环境意义的解读之中。因此通过对建筑类型学、建筑人类学的引入，可以帮助我们更好地探寻荣格称之为原型即所谓的"集体无意识"[73]在蒙古包建成环境中的体现。

### 3.2.2 情感归属主范畴理论解析

"情感归属"的主范畴之下，包含着的是牧民对于心目中美好住居形式与生活场景的向往，在民族世界之林中对于自身的身份定位，以及对于自己的民族文化、传统生活的肯定与自信。传统蒙古包独特的建筑形式是一个与牧民的生产生活、文化信仰紧密相关、密不可分的整体。唯有将"情感认同"放置在建筑现象学的语境中，才能完整展现复杂的民族生活中各个因素交叉汇聚而成的"情感认同"。

### 3.2.3 住居方式主范畴理论解析

传统游牧生活中，大部分事情都发生在蒙古包内或蒙古包周边区域之中，但随着时代变迁、社会的发展，牧民的生活生产方式也随之发生着变化，传统逐水草而居的游牧生活转向定居化生活，牧民在住居空间、生产模式、生活行为等方面发生着巨大的变化。

住居学是研究生活行为与居住空间的对应关系以及相互关系的学问，是建筑学的基础科学，也是生活科学的一个分支[74]。住居学将人的居住行为及住居功能按照三个层级来划分，第一层级是满足人类生活的基本行为，如采食、排泄、生殖等；第二层是辅助第一生活的行为，如家务、生产、交换等；第三层是文化属性的行为，如创作、游戏、构思等。

对于住居方式的转译框架构建，需通过住居学，以在人、住居行为及建筑空间三者之间寻找交汇点的方式来建构对"住居方式"的现代转译。

### 3.2.4 建造与环境主范畴理论解析

"建构"英文为"tectonic"，其本身除了材料、结构、构造等纯技术方面的含义外，还包括美学、地域性等文化性内涵[75]。建构是一种"诗意的建造"，即以材料搭建创造空间，并呈现出建造的逻辑性和物质表达的艺术性。

蒙古包实际上就是一种非常"建构"的建筑形式，传统蒙古包在搭建前会对地面进行简单的处理并铺设牛粪，牛粪不仅形成一层室内表层，阻挡地面寒气进入室内，更能吸收室内空气的水分，使得空气更加干爽，而当蒙古包拆卸之后，牛粪则作为天然的养料补偿给草原；哈那是由柳枝与牛皮钉组成的编制体，作为蒙古包的竖向承重构件，在大风天气下可以降低迎风面的建筑高度，这对经常刮起大风的草原具有重要意义，而拆卸下来的哈那可以折叠成一层哈那片，既缩小了体积，还能作为底座承载其他家居用品，方便运输。蒙古包作为草原游牧民族的主要居住建筑，便携性、就地取材性、多功能性等因素注定了蒙古包自身的"建构"属性。

对于建造与环境主范畴的转译框架构建需要回到对蒙古包建构方式的探寻之中，将问题带回建构学领域来构建转译框架。

## 3.3 住居原型现代转译框架建构

通过上述分析，将各转译因子与建筑学领域现代建筑理论相匹配，即"文化认同"对应"建筑人类学"与"建筑类型学"；"情感归属"对应"现象学"；"住居方式"对应"住居学"；"建造与环境"对应"建构学"。由此得出以"文化认同"与"情感归属"对应"文化转译"的转译指向；"住居方式"对应"功能转译"；"建造与环境"对应"建造转译"，即解决"如何传承"的问题。

### 3.3.1 文化认同与情感归属主范畴对应的文化转译

文化认同根植于民族文化的深处，是人们"集体无意识"的集合，这与建筑类型学中所认为的"原型"相契合。建筑类型学认为，原型（Prototype）根植于民族文化深处，是人们的集体无意识，原型是凝聚着民族从古到今与自然斗争的经验传承，并具有区别于同一时期其他民族的标志特点，它扎根于人们的脑海之中，作为一种民族记忆指导着建筑的建造、生活的进行。而同时"文化认同"也反映在对建成环境的认同之中，对于传统蒙古族生活来说，它存在于蒙古包空间本身之中。因此通过关注蒙古族牧民的血缘、家庭关系的变迁、角色转变、社交网的扩宽、地位以及存在感的体现等方式来探寻矛盾点与突破口，其往往表现在建成环境的意义之上。由此，本小节以"原型"以及"建成环境的意义"为切入点，通过一一对应的方式来探讨由建筑类型学以及建筑人类学引导下的关于"文化认同"转译因子的转译指向。从某种意义上来说，对于文化的认同是蒙古牧民所处的建成环境与整个民族集体无意识产生共鸣的结果。

"原型"深植于民族文化之中，并指导着建成环境的建造与传承，所以从文化到生活方式再到原型之间存在着不可分割的联系。文化是原型的表现形式，也指导着一种生活方式的发生，而原型作为一种"集体无意识"，正是一种民族文化在每个人大脑中的表现形式。"原型"所反映的"集体无意识"又往往与"建成环境"相互作用、相互影响。因此对"文化认同"的转译应以对"原型"的转译来表达"建成环境"的正确意义，而"原型"的转译又表现在对"建成环境"的剖析之中。建筑人类学认为建成环境具有三个层次意义的演化趋势，在时间维度上，建成环境的意义从传统的神性崇高感转变为人本共生性；在空间维度上，建成环境的意义从传统的社会秩序性转变为生活仪式感；在感知维度上，建成环境的意义从传统历史舞台感转变为共时的场所感。

情感归属源于蒙古牧民对于其所在"场所"的"归属感"，这里所指的场所，是包含着蒙古族所有物质环境、精神环境、生活情境的综合体，而非一个具有各项均质性的空间指代，这里的归属感，指的是建筑现象学之中场所精神内涵的方向感与认同感，牧民在其生活的世界中，唯有通过方向感与认同感的关系确立，才能真正获得情感的认同。

转译因子—转译方法—建筑类型学与人类学 表3-7

| 子范畴 | 建筑类型学 | 建筑人类学 | 基础数据 |
|---|---|---|---|
| 祭祀活动 | 祭祀和节庆活动是蒙古族民族文化最典型的代表形式。敖包祭祀文化在当代的传承，表现了草原人传统的生存智慧和生存策略的集体记忆 | 祭祀活动是蒙古族牧民宇宙观的集中表现，是民族文化崇高感的活动载体 | 蒙古族的青年建筑师提到："敖包是主要的祭祀活动场所，我们祭灶神，也就是祭祀火神，春天主要祭湖、树，冬天有祭天……" |

| 子范畴 | 建筑类型学 | 建筑人类学 | 基础数据 |
|---|---|---|---|
| 节庆活动 | 节庆活动中最重要的祭祀和之后的那达慕，是蒙古族从古至今传承下来的对于自然世界的一种仪式性文化活动 | 节庆活动是蒙古族牧民社会文化观的集中表现，是民族文化秩序性的活动载体 | 蒙古族牧区的老奶奶说："会参加那达慕，祭敖包每三年祭一次，六月十五祭祀，祭完举办那达慕。" |
| 习俗仪式 | 蒙古包实际上是一个具有生活秩序和习俗仪式的舞台展演性空间。这种"意识行为"基于历史传承的原因已经进入了蒙古族人的无意识层次当中 | 习俗仪式是蒙古族牧民生活场景认识的集中体现，是民族文化舞台性的集中体现 | 一位蒙古族青年说："现在的活动（传统节日/仪式）一年比一年少，有些习俗啥的都丢掉了，我家的话是每年祭火，腊月二十三，一年里最大的活动就是祭火。" |
| 物质体现 | 蒙古包本身是蒙古族文化传承的载体。蒙古族物质文化主要体现在餐饮、服饰、蒙古包本身的象征性等方面 | 蒙古包的空间划分、其中的物品摆放，并非仅仅为了好看整齐，其内涵中凝聚着社会文化、民族文化 | 24岁的蒙古族学生提到："蒙古包和马鞍、哈那……都是蒙古文化的一个载体，不可能体现所有的蒙古族文化……" |
| 精神信仰 | 蒙古族的最初信仰以"自然崇拜为核心的"萨满教，在藏传佛教传入之后出现了信仰佛教。当代蒙古族人认为最能代表蒙古包文化的是精神方面 | 蒙古包既是蒙古族人与宇宙联系和沟通的方式，也是蒙古族宇宙观、世界观的展现 | 一位23岁蒙古族大学生说道："我认为每个蒙古族的文化遗产都是很重要的，精神信仰方面是最重要的。"蒙古族学者谈道："蒙古人是非常具有独立人格、独立精神的。" |

**转译因子—转译方法—建筑现象学**　　　　　　表 3-8

| 子范畴 | 建筑现象学 | 基础数据 |
|---|---|---|
| 住居倾向 | 虽然蒙古包很大程度上不能满足牧民适宜住居物理指标的需求，但从民族情感上更倾向于选择居住在牧区的蒙古包中 | 24岁的蒙古族大学生说道："我感觉还是住蒙古包好"，"我认为蒙古族人民的情怀是选择住蒙古包的主要原因。" |
| 感官体验 | 蒙古族人认为蒙古包不仅仅是圆形空间，而是综合了味道、色彩、视觉、触觉等很多因素的整体，这才是真正的能够被蒙古族人认同的"蒙古包"住居环境 | 25岁的蒙古族建筑学学生谈道："我认为蒙古包与自然结合的那种状态，给人的感受是很微妙的，比如木头的味道、皮子的味道，然后就是它的那种空间形式（曲面的），现在的房子没有那种味道。" |
| 追求自由 | 蒙古族牧民普遍意义上喜欢牧区的自由轻松的生活状态以及牧区开阔的视野 | 24岁的蒙古族建筑学学生说道："牧区的话，我们可以更自由自在地想干什么就干什么，更轻松一些。" |
| 热爱自然 | 对自然依赖、爱护、信仰，并融合自然、崇拜自然物，珍爱与游牧生活息息相关的动物 | "放牧的状态是独自享受自然的状态。院子里的蒙古包和牧区的蒙古包在感受上很不一样……"一位25岁的蒙古族大学生说道 |

由此通过上述分析，可将由"建筑类型学"以及"建筑人类学"引导下的关于"文化认同"的转译因子，以及"现象学"引导下的关于"情感归属"转译因子的转译指向概括为由"时间维度""空间维度""感知维度"所引导的"文化转译"。

## 3.3.2  住居方式主范畴对应的功能转译

住居方式体现了蒙古族牧民在草原上独有的生产生活方式，其通过生活的共同化，相互扶助，合理地应对。随着生活水平的提高，其"住居方式"则反映了对于更为舒适的生活环境、功能的分化以及方便的设施与相应的服务等的需求，这与"住居学"中住居的三个功能层次相对应。由此，本小节以"功能层次"为切入点来探讨由住居学引导下的关于"住居方式"转译因子的转译指向。

转译因子—转译方法—住居学 表3-9

| 子范畴 | 住居学 | 基础数据 |
| --- | --- | --- |
| 居住形态 | 居住方式呈现出不同的类型，包括轮牧的蒙古包和嘎查的定居的砖瓦房、镇或者旗里居住、市区的住宅楼等。夏营地蒙古族牧民住居类型包括不同家庭模式、蒙古包数量和不同蒙古包功能及布局方式，形成了不同的形式 | "因为蒙古族喜欢游牧的生活，还是希望新的住宅可以像蒙古包一样能够收起来。" |
| 住居空间 | 住居空间包括空间功能、空间尺度、空间品质、空间布局，是牧民生活方式展演的重要场所 | "……以前做饭啊什么的都在一个蒙古包里……""我感觉蒙古包内部比较重要，内部的空间造就了外部的形式。" |
| 物理环境 | 物理环境是衡量蒙古包的舒适度指标，包括声环境、光环境、热环境、风环境等方面。传统蒙古包具有保暖性差、易受潮和虫子多，以及通风效果良好等物理特性 | "蒙古包对大自然没有毁坏性，美观，透风性好，毛毡下部可以撩起来，夏天凉爽，自带'空调'，可以用好几十年。" |
| 生产模式 | 由于其政策导向中的草场划分，直接导致游牧范围和方式的改变，牧民随之改变了移动式住居，转向定居式的平房，形成了群落聚居的居住方式。草原上的生产经营方式已经由传统的游牧生产变化成为定居定牧的生产经营方式 | "我觉得我家夏营盘那个地方是我见过的最美的草原。夏天住蒙古包（夏营盘），冬天不住（冬营盘），住在砖房，每年夏天再赶着牛羊到夏营盘。" |
| 生活方式 | 在传统的蒙古包当中可以进行所有的衣食寝居的日常活动 | "每天起床先把四方形的盖着天窗的毛毡翻起来，接着把柴火搬进屋，烧火，烧水，熬奶茶。然后爸爸和哥哥把羊赶去吃草，妈妈挤牛奶。" |

由上述分析可得，与传统蒙古包"住居方式"相对应的分别是对住居舒适性、生活功能分化性以及文化融入性的探讨。故而可将关于"住居方式"的转译指向归纳为以"保护功能""生活功能""社会功能"所引导的"功能转译"。

### 3.3.3 建造与环境主范畴对应的建构转译

建造与环境体现了蒙古包的建造应该与草原相对应，应考虑实际人体的尺度以及人在场所之中的真实感受，并且关注场所的复杂性而非均质性。而爱德华·塞克勒（Eduard Sekler）将建构定义为一种建筑表现性，它源自建造形式的受力特征，但最终的表现结果又不能仅仅从结构和构造的角度来理解[75]。建构学可以被视为实际材料、构造工艺与结构逻辑与营建体系等相关联而呈现出的诗意，即一种阐述相互间连接关系的建筑艺术（诗意建造）[76]。由此可见，由建构学的视角切入来重塑其场所的复杂性与被感知性是合理的方式。由此，本小节以"材料、构造、空间、工艺、形式逻辑"等为切入点，来探讨由建构学引导下的，关于"建造与环境"转译因子的转译指向。

转译因子—转译方法—建构学 表 3-10

| 子范畴 | 建构学 | 基础数据 |
| --- | --- | --- |
| 自然环境 | 自然环境包括草场状况和依赖环境两部分。自然环境中牧区的草场是蒙古包的主要环境。蒙古族人重视环境的保护，不会轻易破坏草场，珍视草原的牲畜并尊重其本身的特性 | "草原是生存的必要"。蒙古族大学生谈道："蒙古族信仰大自然，不会做出破坏大自然的事情。" |
| 结构与材料 | 蒙古包是最简易的民居方式之一，在建筑材料、结构、力学特性等方面均极具智慧，因此才得以为草原游牧生活背景下的蒙古族人以栖居场所，并经历过多年的结构、材料及建筑技艺逐渐优化而传承下来 | 当问到关于哈那的搭接时，一位 59 岁的爷爷说道："最短的和第二长的长度之和正好是最长的杆件的长度"，并详细地讲述了乌尼杆之间的长度关系和比例 |
| 建造方式 | 传统蒙古包是一种毡帐类的建筑形式，适应蒙古高原地域的自然条件及游牧生产生活需要，属于具有易搭建、易拆卸、易搬迁特点的传统装配式建筑 | 传统蒙古包的搭建过程：先固定门，右边开始立哈那，再将装好的套瑙和乌尼搭到哈那上。蒙古族学生："蒙古包是中间有个杆，先把杆支起来，那个骨架叫哈那。先把这个木头搭好了，外面有毡子。" |

由上述分析可得，与传统蒙古包"建造与环境"相对应的是对"表皮"所传递的感知体验、易于拆装的建造方式以及与环境的相适应性等方面的探讨。故

而，将关于"建造于环境"的转译指向归纳为以"材料置换原则""装配式原则""地形适应性原则"所引导的"建造转译"。

## 3.4 住居原型现代转译框架呈现

通过将4组转译因子与现代建筑理论相关领域相对应，得出3个转译指向：

（1）以建筑类型学的建筑原型理论、建筑人类学的建成环境意义理论以及现象学的场所精神理论为切入点的"住居文化转译"，其包含了时间维度转译、空间维度转译、感知维度转译三个方面；

（2）以住居学功能层次理论为切入点的"住居功能转译"，其包含了住居的保护功能转译、住居的生活功能、住居的社会功能转译三个方面；

（3）以建构学建筑四要素理论为切入点的"住居建造转译"，其包含了材料置换原则下的建造转译、装配式原则下的建造转译、地形适应性原则下的建造转译三个方面。

扎根理论—转译因子—转译指向　　　　　　　　表3-11

| 相关研究 | 转译因子 | 转译因子解析（传承什么） | | | 转译指向（如何传承） | |
|---|---|---|---|---|---|---|
| | | 住居需求探讨 | 现代建筑理论对应 | 理论相关内涵切入点 | | |
| 谱系研究民俗文化研究 | 宇宙性社会性生活性 | 祭祀活动节庆活动习俗礼仪物质体现观念意识精神信仰 | 文化认同 | 建筑类型学建筑人类学 | 原型建成环境意义 | 时间维度空间维度感知维度 | 文化转译 |
| | | 情感倾向感官体验追求自由热爱自然 | 情感归属 | 现象学 | 场所精神 | | |
| 牧民住居研究现代设计研究 | 功能多元性空间多义性 | 居住形态物理环境生产模式生活方式 | 住居方式 | 住居学 | 功能层次 | 保护功能生活功能社会功能 | 功能转译 |
| 建构及物理特征研究 | 建造与材料基地适应性气候适应性 | 结构与材料建造方式自然环境 | 建造与环境 | 建构学 | 建筑四要素 | 构造逻辑建造逻辑 | 造造转译 |

## 第 4 章

# 蒙古包住居原型文化转译

蒙古包住居作为蒙古族游牧生活的物质与空间载体，支持着游牧民族自身独特的住居行为，并满足特定深层次的民族心理机制。本书以建筑人类学的文化观和拉普卜特建成环境意义的相关理论为基础，以蒙古包住居的建成环境在高、中、低三个层次的意义为转译核心，从蒙古包空间、时间、感官三个维度的文化特性切入，借助建筑现象学的场所理论综合地阐释其文化中所包含的原型并进行现代转译。

## 4.1 住居文化内涵解析

### 4.1.1 住居文化三层次意义

#### （1）住居文化与原型

原型（Prototype）是指人类世世代代长期积淀于内心深处的普遍性心理经验。在这里荣格所认为的"原型"是一种"原始表象"——集体无意识，对等的在A.罗西的原型理论中，将它表述为一种"永恒的内在组织原则"，是一种生活方式与形式的结合，二者之间的区别在于建筑原型由一种不可见的生活方式和一种可见的形式构成"原型"。它具有纵向（历时）历史文化传统的寻根倾向，也具有横向（共时）特定地域文化特征的寻根倾向，深深扎根于人的头脑之中，成为一种社会性潜意识，具有长久的生命力。所以在文化、生活方式到原型之间存在着一种同源的交集，原型的可见表现形式是文化的表现形式，也正是一种《宅型与文化》中所提的生活方式；而原型的不可见表现形式即"集体无意识"，也正是我们意识中的"文化"。

拉普卜特在《宅型与文化》中将文化分为三类，包括：一个民族的生活方式，包含着全民族的共同理想、宗族规则以及日常行为等；一种由符号体系借濡化（社会化）后代和涵化外者得以实现在世代之间的发展与传承；一种改造生态和利用资源的方式，是人类凭借开发多种生态系统得以生存的人之本性。

#### （2）住居文化与文化的意义

《宅型与文化》中认为文化具有三个意义。首先，文化是凭借诸多特定的规则来引导民族人民的行事方式，旨在提供一种"生活的设计"，因此文化可以看作是一幅民族构成蓝图，或一套指令（如 DNA），但其实文化的引导是动态的，所以指令的比喻更为实用；其次，文化是提供一套赋予各个个体（Particulars）其自身意义的框架，个体事物只有通过这样的框架相互作用，才能产生真实的意义；最后，文化具有定义那些由诸多个体组成的群体的作用，也就是文化的意义在于将各个群体进行区分，同时使之能被清晰可辨，也就是文化的作用在于体现

"生活方式"及其"区分"。所以将此现实问题放在建筑人类学的语境之中进行讨论，从人们的行为和生活方式的关系方面来强化这种"区分"作用。

（3）住居文化与建成环境的意义

阿摩斯·拉普卜特认为人们通过对环境意义的获取从而对环境做出反应，建成环境实际上是作为文化的载体承载着文化的发展，并且也体现着文化的特征，反过来也影响着文化的变迁。拉普卜特将建成环境的意义划分为高、中、低三个层次来描述：高层次，是指有关宇宙论是一种文化图式，体现着民族人民的世界观、哲学、信仰等方面内容，与时间维度中人们对于人生、神性的崇高感相通。中层次，是指身份、地位、财富、权利的表达，即一种活动行为，是场面中潜在的，而非效用性的内容；还有空间维度，人们对于社会秩序、生活仪式的认知相通。低层次，是指日常效用性的内容，即识别一些布置的内在原因、场面用途的记忆线索和社会情境等，即私密性、可近性、升堂入室、座位排列、道路指向等，这些秩序使人们行为举止适度，与感知维度，即人们的生活场所感相通。

## 4.1.2  蒙古包住居文化的三个维度

从建筑人类学拉普卜特的《宅形与文化》《建成环境的意义》中我们可以了解到，对于蒙古包这一特定的建筑形式就是为了支持游牧的生产生活方式而产生的。在原始的蒙古人社会他们敬仰长生天，并保持着泛神论的信仰，对于他们来说天、地、山峦、树木万物皆有灵性，所以在蒙古人的心中"敬天"、尊重自然万物、遵守自然法则是"人"永恒的信仰，蒙古包的生活方式从这一角度来讲，就是进行"敬天"仪式化生活的"演练与学习场所"，这体现出蒙古包住居文化具有时间维度的崇高感。

而蒙古包的空间规范正是将精神信仰转化为行为规范的社会组织原则的具体化，所以蒙古包本身就是将天、地、人整合为一体的原型，既包含着敬天的生活方式，也具备支持这一生活方式的各种象征形象。例如穹庐的形象、乌尼的椽数、哈那尖的个数、使用的方位与分区等，都投射到蒙古天文、历法、生肖、计时的各个细节，从而成为一个整合体。这体现出蒙古包住居文化具有空间维度的秩序性。

正是由于蒙古人的集体无意识，所以在蒙古人的观念里，只有在蒙古包内长大，经过蒙古包的空间对行为规范培养的人才是真正的蒙古人。这体现出蒙古包住居文化具有感知维度的舞台性。

然而因时代的转变，人们生活方式与水平发生改变，为满足人们现代生活的需求，建成环境的三个层次意义发生演化，具体表现为：

（1）时间维度：由传统的神性崇高感向人本共生性转变；

（2）空间维度：由传统的社会秩序性向生活仪式感转变；

（3）感知维度：由传统的历时舞台感向共时场所感转变。时间与空间维度整对应着场所精神中的场所感，而感知维度对应着场所精神中的认同感；并且这也分别对应着建成环境的"高层次""中层次""低层次"意义。

住居原型文化的转译框架　　　　　　　　　　表 4-1

| 生活场景及空间秩序划分 | 转译因子 | 蒙古包空间特性 | 当代住居原型文化转译指向 |
|---|---|---|---|
| 1. 神圣空间<br>2. 世俗空间 | 宇宙性<br>向心性<br>完整性<br>圣俗分区<br>人与自然 | 高层次：<br>是指有关宇宙论、崇高感、文化图式、世界观、哲学体系和信仰等方面的 | 时间维度：<br>由传统的神性崇高感向人本共生性转变 |
| 1. 长辈空间<br>2. 晚辈空间 | 社会性<br>秩序性<br>仪式感<br>人与社会 | 中层次：<br>意义是指有关表达身份地位、财富权利的，即指活动行为和场面中潜在的，而不是效用性的方面 | 空间维度：<br>由传统的社会秩序性向生活仪式感转变 |
| 1. 男性空间<br>2. 女性空间 | 生活性<br>男女分区<br>尊卑分区<br>人与人 | 低层次：<br>日常的、效用性的意义，即识别有意布置的，场面之用途的记忆线索和因之而生的社会情境、期望行为等 | 感知维度：<br>由传统的历时舞台感向共时场所感转变 |

## 4.2 住居文化的时间维度转译

### 4.2.1 时间维度特性与体现

蒙古包牧居的时间维度体现在传统的神性崇高感向人本共生性转变历程。

崇高感在蒙古包中最直观的体现是蒙古包的"象天建构"（也就是蒙古牧民的宇宙性认知），蒙古人按照想象中宇宙的形象建构起蒙古包，每个蒙古包中类穹隆形式都是一种表达着他们宇宙观的标注；广袤的草原之中"天似穹庐（穹隆）"是蒙古族人对宇宙认识的原始意象。"穹隆"在蒙古民族中的文化内涵指长生天，又是蒙古包的别称[77]。同时蒙古包本身作为一种物质存在反过来使这种宇宙观在他们的集体生活中得到了时空上的传承和统一，具体体现为蒙古包的时空标识、时间的象征意义[78]。因此，蒙古包作为一种原型具有特定的崇高感，能唤起人们的场所精神和集体记忆。

**蒙古包的时间性说明**　　　　　　　　　　　　　　　　　　　　表4-2

蒙古包原始空间的秩序性主要表现为神人之间、男女之间、长幼之间的尊卑关系。男女的社会分工和生产分工，在家庭生活中是保持社会关系稳定和民族集体无意识的建立与通感所必需的，但是随着社会的发展，人们之间的关系也发生着明确的变化。

从类型学概念中理解，蒙古包的建筑类型正是人们"敬天"的生活方式和"微宇宙"的建筑形式的综合。敬天（敬畏自然）的信仰将蒙古包设计为具有全面"可持续性"的原生态建筑[79]。敬天这一"集体无意识"深植于蒙古民族的传统文化基因中，成为民族文化的重要基石；当然，像蒙古包这种作为全面可持续建筑的现代转译，其实并非能用可描述的"指标"进行衡量，而是要求设计者心怀对自然的敬畏来选择材料，以"工匠精神"去建构构造，以柔软之心去营造场所……才能使得现代蒙古族定居建筑真正具有"诗意栖居"的场所品质。

### 4.2.2　时间维度特性的现代转译

#### （1）从崇高感到共生性转译

从崇高感向共生性演变是蒙古族文化演变的必然趋势，是建筑历史发展规律的呈现。从住居文化原型发展规律中，我们可以发现人类的住居方式是从神本空间、人神共生、人本空间过渡到多元共存的当代模式的，像蒙古族人一样，以穹隆作为宇宙崇高感象征的做法，根深于整个人类的集体无意识，这种关于穹隆的宇宙性阐释，从古到今一直都是一个活的传统。从古罗马万神庙到拜占庭教堂乃至圣彼得大教堂，无不表示出人们对穹隆的执着与追求[81]。蒙古人"敬天的生活方式"就是日常生活与宗教认知的共同体，文艺复兴时期，人们所建造的房屋就会采取类似教堂的向心对称的完整空间，在横向平面中以具有纪念性、宗教性共享空间为核心，四周分布着主要的生活空间；在纵向剖面中高、中、低三层分别对应着神本空间、人神共生空间、人本空间。

住宅中，住居生活的核心是不断重复进行以敬"神"为核心的集体行为的演练，而修道院原型正是家庭单元抽象化[79]。在蒙古包崇高感的现代转译中，需要强调的正是这样一种人神共生的原型，同时这一状态正是蒙古包住居原型的西方文艺复兴版本。虽然用现代的眼光，此类原型与我们现代人日常习以为常的居住形式并不相同，但却恰好是当时建筑学者们对于住居中人与神的和谐共生关系的最佳诠释。

蒙古包以时间维度进行叠加功能，满足了游牧生活中所有的生活要求，其以时间介入空间功能的转变，让蒙古人对时间、事件和空间的关系认知非常的清晰。我们不得不钦佩蒙古民族的传统智慧，赞叹蒙古包之于游牧生活的完美匹配，从而可以理解蒙古包与其对应的游牧生活方式的不可替代性。在定居生活中，对蒙古包的转译不是一个传统意义上的固定建筑可以完成的，因为蒙古包是可拆卸组装且是可移动的，并且围绕蒙古包的不但有家庭生活，还有家族生活和社区生活，因此蒙古包的独居、家庭同居、群居（游牧、冬天）、社区聚居（节庆、那达慕、婚礼）的属性就是"蒙古包的现代化"的问题难点所在。

**住居文化功能转译** 表4-3

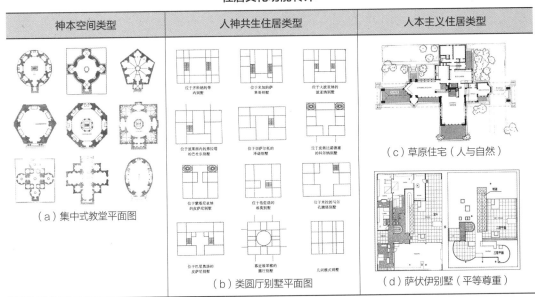

（a）集中式教堂平面图
（b）类圆厅别墅平面图
（c）草原住宅（人与自然）
（d）萨伏伊别墅（平等尊重）

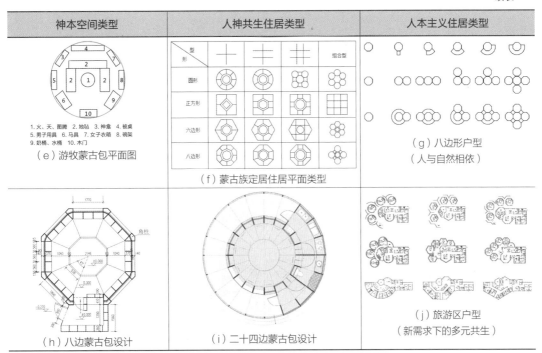

| 神本空间类型 | 人神共生住居类型 | 人本主义住居类型 |
|---|---|---|

（e）游牧蒙古包平面图
1.火、天、图腾 2.地毡 3.神龛 4.被桌
5.男子用具 6.马具 7.女子衣箱 8.碗架
9.奶桶、水桶 10.木门

（f）蒙古族定居住居平面类型

（g）八边形户型
（人与自然相依）

（h）八边蒙古包设计

（i）二十四蒙古包设计

（j）旅游区户型
（新需求下的多元共生）

### 蒙古包住居原型文化——"汇聚"功能的转译　　　表4-4

| 传统蒙古包 | 转译蒙古包精神——"汇聚"功能的体现 |
|---|---|
|  | |

住居生活从神本位的崇高感向人本位的共生性演变，是地域性传统建筑文化受文化全球化影响的共时性呈现。拉普卜特曾在《建成环境的意义——非言语表达方法》一书中提出在建成环境高层次的意义空间之中存在现代转换现象，他认为"在当代，宇宙论、崇高感、文化图式、世界观、哲学体系以及信仰都已被个性自由、平等、健康、舒适和控制自然或与之共生等所取代"。此类的转变在近300多年的西方住宅发展史中不难察觉，例如从帕拉迪奥的圆厅别墅到柯布西耶的萨伏伊别墅、赖特的草原式住宅以及现代种类繁多的住居形式的多元共存，从根本上说，普世性、地域性、民族性和多元性之间并非矛盾对立的关系；现代蒙古族住居对精神生活空间居于中心位置的强调如表4-4所示，是在当下特定时期对特定人群住居的

关注和关怀，是建筑学作为"以营造空间为手段实现人文关怀"的科学，其学科存在的立足点，也是各项建筑学范畴内设计理论研究的原始出发点。

（2）共生性的多元表达

宇宙性的住居文化要求自然与人的和谐统一，而草原之中人与自然的共生性更是体现在一年四季的时间跨度当中，一年之中不同的时间节气对应着显著不同的气候以及不同的草原场景，冬季草原上风沙大而气温严寒，夏季雨水不定，但在蒙古包中也较为炎热，所以蒙古包转译的时间观之中，冬夏之分的温度与通风控制是不可忽视的部分。

**蒙古包住居原型文化夏季转译**　　　　　　　表 4-5

转译蒙古包的夏季场景

**蒙古包住居原型文化冬季转译**　　　　　　　表 4-6

转译蒙古包的冬季场景

## 4.3　住居文化的空间维度转译

### 4.3.1　空间维度的特性与体现

蒙古包牧居的空间维度体现在由传统的社会秩序性向生活仪式感转变的历程

之中。从住居学的生活空间构成角度而言："作为这个空间构成的方法，将生活行为进行分类，一般做法是将类似性高的行为集中，差异性高的行为分离，在这方面，很多学者认为食寝分离、就寝分离、公私分离是空间秩序的根本"。此种的秩序理解以现代建筑语言可做如下阐释，在强调精神生活空间居于中心位置的前提下，圣俗分区可以演变为公共性和私密性的分区。

传统蒙古包中抽象位置关系向具象空间关系转化表　　　　　表 4-7

| 抽象的位置关系（传统） | | 具象的空间关系（现代转译） | | |
|---|---|---|---|---|
| | 1. 长生天崇拜："火"图腾 | | | 1. 天（天、光）<br>2. 中心精神空间（神性空间：佛堂、茶室）<br>3. 生活空间（俗）<br>4. 环廊（圣俗过渡空间）<br>5. 私密生活区（女性主宰）席地——传统<br>6. 公共生活区（男性主宰）高足——现代 |
| | 1.圣（长）<br>2.俗（幼） | | | |
| | 1.女（卑）<br>2.男（尊） | | | |

同时，还可以沿袭公共性空间支持以男主人为主体的生活，如客厅（对外交流）、门厅（迎送）、餐厅（宴请、茶话）位于中心的右侧（西向尊位），而中心左侧（东向）则排布卧室、厨房、卫生间、洗衣房、仓库这些女主人为主的生活空间，灶间位居西北侧来回应蒙古族拜火的原始图腾，同时在公共空间采取"椅子坐"的生活方式强调其社会性，私密性空间以席地的生活方式来满足传统蒙古包的生活方式及尺度。

蒙古族的建筑布局和行为方式体现了他们"集体无意识"的宇宙观、世界观，蒙古族以东方代表女性，将女性的活动区域定位于火撑东侧，并布置女性日常生产、生活的物品；以西方代表男性，并认为西方是神灵存在的地方，将男性的活动空间定位于火撑的西侧，并布置男性日常生产生活的物品，这也体现了蒙古族"西为贵"的认知观点。其次火撑位于蒙古包中央，套瑙的下方，而以套瑙横木为分界线，横木北侧为神圣区域，与之相对的南侧则是世俗区域，摆放日常生活生产物品。同样按此分类原则，年长者应位于北侧神圣区，而年幼者则位于南侧世俗区，其界限严格明确，禁止逾越[79]。

蒙古包空间规范的社会秩序产生与再生产功能是蒙古包住居原型的社会性内

涵的核心所在，在蒙古民族的集体无意识中，只有在蒙古包内长大，经过蒙古包的空间对行为进行规范培养的人才是真正的蒙古人。造成这种认知的根本原因是在当代住居的大趋势下，现代住居文化使牧民处于一种潜在的不安之中，他们担心失去了自古以来沿袭的游牧住居方式，就会失去自己民族的民族精神以及自我文化认同的根基。

### 4.3.2　空间维度特性的现代转译

#### （1）秩序性向仪式感转译

从抽象秩序感向具象的仪式化过渡完善了使用空间的物质功能。从现代住居学的生活空间构成角度来看，精神生活空间依然居于蒙古包的中心位置，圣俗分区可以演变为公共性和私密性的分区。

仪式化剖面可以帮助我们很好地认识整个转译过程。从显性强制的秩序感向隐性涵化的仪式感发展，明确了空间的精神属性。通过将传统蒙古包中抽象的位置关系转译为具象的空间关系，意在提供一种"对生活的设计"来沿袭传统秩序，通过空间逻辑来制定对应的规则来指导行事方式，从而使得现代蒙古族的民族生活以其独特的文化特性"区分于各个群体，并使之清晰可辨"，以达到用建筑学的方式，在全球化普世文明大背景下呵护民族情感、保护文化生态的目的。

蒙古包内部仪式化空间剖面表　　　　　　　表4-8

| 中庭与周围标高关系 | 中厅与周围分界关系 | | | | 特征 |
|---|---|---|---|---|---|
| | 中厅下沉式 | 中厅抬高式 | 中厅与私密空间抬高式 | 中厅与公共空间抬高式 | 纵向分为室内开敞中厅式、室内封闭中厅式、室内半开敞中厅式、室外开敞中厅式、室外连廊中厅式。横向按中厅与周围空间标高的关系分为下沉、凸出、与私密空间一起抬高、与公共空间一起抬高四类 |
| 室内开敞中厅式 | | | | | |
| 室内封闭中厅式 | | | | | |
| 室内半开敞中厅式 | | | | | |
| 室外开敞式中厅式 | | | | | |
| 室内连廊中厅式 | | | | | |

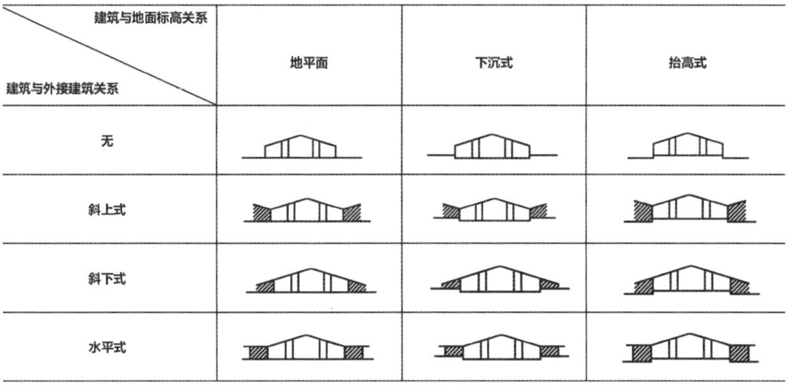

| 建筑与地面标高关系 建筑与外接建筑关系 | 地平面 | 下沉式 | 抬高式 |
|---|---|---|---|
| 无 | | | |
| 斜上式 | | | |
| 斜下式 | | | |
| 水平式 | | | |

图 4-1　蒙古包与地面的位置关系与室外界面的转译

现代蒙古族住居中应该有"仪式化空间剖面",将会得到 29 种关于仪式化剖面的空间形态,可以根据不同文化的心理需求选择所需场所的品质。内部仪式化空间剖面将中间的精神空间存在的可能性及其空间品质进行分类探讨。

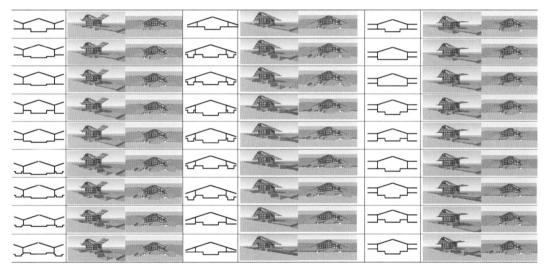

图 4-2　仪式化剖面转译

### （2）在仪式化空间的多元表达

在不同空间之中,蕴藏着不同的生活场景以及其对应的物质需求和空间需求,由于蒙古包所处地区跨度广,且包含的空间类型众多,所以在转译过程中更是需要分类进行转译设计。

在草原之上我们对八边形蒙古包以格子为核心进行转译,八边形蒙古包方便拆卸,其方便重复叠加扩展的优势适宜在未来应对各种不同的变化;二十四边形

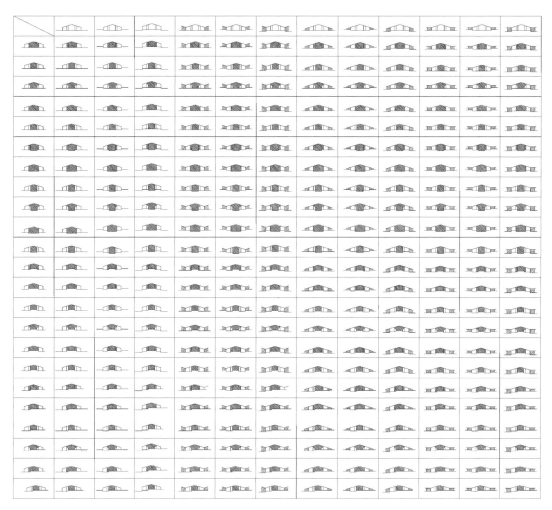

图 4-3　仪式化剖面类型表

蒙古包的 24 边使得整个蒙古包更加接近于原型，更符合认同感，双层结构在增加保温性能的同时多样化了室内空间；球形蒙古包通过 3D 打印技术营造一种天似穹庐的感受；EPS 模块可以在实现快速建造的同时增加保温性能和空间多样性。

**草原空间蒙古包原型住居文化社会性转译**　　　表 4-9

| 转译蒙古包的空间延续性 |
| --- |

通过改变室内外高差及配合外膜开启方式的不同从而形成不同的空间形式，以此来实现对传统蒙古包文化功能中的天（精神性功能）、中心精神空间以及私密生活、公共生活的划分与转译，并以此来拓展其文化功能转译的多样性。

草原公共空间属性：传统蒙古包没有特别用于公共活动部分，年长或地位最高的人居住于最大、最高的蒙古包，主要摆放在西侧或西北侧；现代蒙古包由于材料的改变使形体发生变化，常将大蒙古包用于集体活动，摆放在基地中线靠北的位置；牧区社区中新生活方式带来对于社区文化、集体活动的新需求；中心化社区体现的是一种具有中心汇聚性的宗族凝聚力。

通过结构探源的相关研究，借鉴西方经典大空间建筑的建造形式，将与蒙古族在原型相通的部分用于草原建筑中，为草原建筑提供其所需的大空间。其中将帆拱结构用于木材之上，营造一种木构的帆拱；将圣索菲亚的帆拱穹隆用于木材之上，营造一种木构的大空间建筑；将万神庙的中心空间用于木构的露天会场之中。

图 4-4　八边蒙古包转译冬季剖面场景图

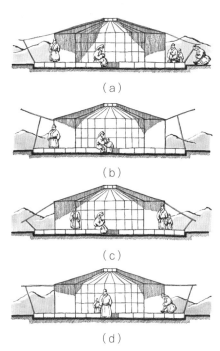

（a）

（b）

（c）

（d）

图 4-5　八边蒙古包转译夏季剖面场景图

**草原公共空间蒙古包社会性转译**　　　　表 4-10

| 公共空间转译 |
| --- |

| 公共空间转译 |
| --- |
|     |

蒙古包住居所处的环境并非只有草原一种而已，除草原以外还有干旱地区的沙漠戈壁环境、现代城市环境等，需要分类加以转译。

在城市空间中，蒙古包转译空间更多能承载的并非是住居功能，而是生活休憩功能，例如会客喝茶、文化交流、休闲游憩等。

沙漠地区蒙古包建筑：现代沙漠地区的蒙古包与场景几乎没有任何交互，两者相互独立，沙漠中这样的蒙古包几乎可以直接落地在任何一个建筑场地之中，这种隔绝了建筑与场景、建筑与地景的关系很难让人们真正感受到蒙古包场所特有的文化属性与情节，而半沙漠半干旱地区也是完全照搬草原蒙古包的样子，虽然土地沙漠化严重，但是草原建筑却可以直接未加修改地出现在草原之中。

**城市空间蒙古包社会性转译**　　　　　　表 4-11

| 蒙元风格装修[77] | | 城市空间转译 | |
| --- | --- | --- | --- |
|  | |  |  |

通过下沉式与覆土建筑可以增加建筑与地景之间的关系，整个建筑埋入地下不仅是一种形式上的生成，而且带来了更加良好的防风与保温性能。沙漠与干旱地区由于土壤颗粒大，散热与吸热速度较快，昼夜温差大，并且由于地被植被缺乏，风沙大，地面上的建筑承受着更大的横向风荷载，所以球体可以带来更加均衡的受力关系，同时配合下沉与覆土形式，更适应于沙漠半沙漠地区。

**沙漠空间蒙古包社会性转译**　　　　　　表 4-12

| 沙漠地区转译 | | | |
| --- | --- | --- | --- |
|  |  | |  |

| 沙漠地区转译 |
| --- |

## 4.4 住居文化的感知维度转译

### 4.4.1 感知维度特性与体现

蒙古包住居文化的感知维度在于由传统的历时舞台感向共时场所感转变。也就是在时间维度将生活空间场景在蒙古包中进行严格顺序展演，使得有限的空间能够满足多元的游牧生活需求，这正是对于归属感的满足。

传统住居蒙古包只是直径 4.5 米左右的圆形空间，而明确的生活秩序使得有限的空间能够满足多元的游牧生活需求。蒙古包四维空间的生活，仿佛以蒙古包为舞台的生活场景展演，从建筑现象学的场所精神中我们更好地理解蒙古包住居文化在感知维度上的特性与体现。

**住居三个层次的感知与蒙古包生活舞台对应解析表**　　表 4-13

| 住居类别 | 第一层次感知 | 第二层次感知 | 第三层次感知 |
| --- | --- | --- | --- |
| | 原始的住居（保护） | 生活的住居（生活） | 文化的住居（文化） |
| 住居功能 | 生存功能<br>生理功能<br>防护功能 | 生存功能<br>生理功能（＋生产功能）<br>防护功能（＋家庭功能） | 生存功能、生理功能<br>（生产功能＋文化功能）<br>防护功能<br>（家庭功能＋地域功能） |
| 生活场景 | | | |

### 4.4.2　感知维度特性的现代转译

（1）舞台感向场所感转译

通过舞台分区与空间的并置获得场所关联，以此来延续牧民对于住居文化的认同感，"蒙古包的现代化"中最简单而直接的方式就是水平平等地展开蒙古包的各种功能，通过舞台分区与时间向度的叠加来获得场所的丰富性，增强牧民在居住空间中的方向感。

蒙古包舞台性转译表　　　　　　　　　　表 4-14

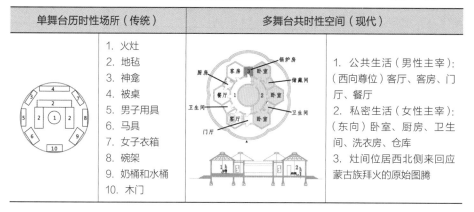

| 单舞台历时性场所（传统） | 多舞台共时性空间（现代） | |
| --- | --- | --- |
| 1. 火灶<br>2. 地毡<br>3. 神龛<br>4. 被桌<br>5. 男子用具<br>6. 马具<br>7. 女子衣箱<br>8. 碗架<br>9. 奶桶和水桶<br>10. 木门 | | 1. 公共生活（男性主宰）：（西向尊位）客厅、客房、门厅、餐厅<br>2. 私密生活（女性主宰）：（东向）卧室、厨房、卫生间、洗衣房、仓库<br>3. 灶间位居西北侧来回应蒙古族拜火的原始图腾 |

通过将蒙古包仪式化生活中的单一舞台历时性展开的场所特性，转换为多舞台共时交错，使牧民在蒙古包中可以同时进行起居、饮食、贮存、交流聚会、生育哺养、礼仪敬拜等生活仪式。虽然这样的转译过程减弱了秩序性，但增加了丰富性和场所感，同时也弥补了蒙古包住居中重社会性、忽略个人私密生活和缺乏个人成长空间的局限。

在传统文化与新兴文化尚未和谐交融的时期，关注场所精神归属感的相关理论，从场所的认同感与方向感中尊重民族文化的差异性，文化生活多元共存，让时间主动推进文化自身的发展，使当代蒙古牧民保持自由的选择权，作为自己民族文化的掌舵者，主动参与到民族文化的保护之中，才是最佳的保护之道。

蒙古包作为遮蔽物承载着牧民进食、休憩、会客等功能需求，但不同的形式会给牧民不同的内心感受，是否能让牧民像在家一般安心，是否能让牧民悠闲地享受闲暇时光，是否能让客人快速地适应室内的氛围并与主人自在交流，就成为转译设计工作的核心。用八边的格子组成一个近似的圆形，开设一个门作为蒙古包的入口，大门朝向东南方向（蒙古包主要朝向），传统中心火炉的位置被下沉的中心空间所取代，传统蒙古包中炉火是全家的热源提供者；制作食物、围坐休息、会客交谈等行为均围绕其展开，以及蒙古包本身圆形空间所呈现的天然的中心性特征，都在说明蒙古包空间中中心位置的重要性，但是类蒙古包建筑不再需要燃起炉火来取暖、烹饪，所以在保留类似圆形建筑平面的同时，用下沉的中心来将中心空间所承载的交流、会客、休憩等功能与中心方位的关联保存下来，就可以在一定程度上让使用的人置身于一种似曾相识的温馨之中。曾经的记忆从人们的脑海中流露而出，覆盖在全新的空间之上，也就是转译的类蒙古包被人们所"经历"，从而更易接受这样一种全新的"蒙古包"。同样的，这种经历会发生在第一次进入的客人身上，这种似曾相识的空间形式所带来的正是一种与"知觉基型"相吻合空间"认同感"。

以传统类型中的五合蒙古包为转译原型，形成以公共生活空间和私密生活空间共同组合而成的多舞台共时性的空间实体，在满足当代蒙古族牧民使用需求的同时，也满足其对于感知维度的需求。

对于"认同感"的解读我们可以借助彼得·卒姆托在《建筑氛围》一书中所提到的建筑的"氛围"一词，他以现象学思维角度将关注点定位到建筑现象自身之中，以其置身于建筑之中的真实感受出发，从 9 个方面来表述自己对于建筑的理解。在关于"认同感"的解读中，将这 9 个方面划分为 4 个部分，包括建筑属性（建筑本体，材料兼容性，周围的物品）；空间属性（空间的声音，空间的温度）；场景属性（室内外张力，镇静与诱导，密切程度）；万物之光。

图 4-6　多舞台共时性转译

（2）场所感的多元属性

建筑本体是一件建筑作品中的本质所在——它的框架。本体，不是关于本体的想法，而是本体自身。对于建筑物本体的关注，是对于建筑构造，建筑内部那些我们从表皮中所不能观察的部分，是建造的逻辑，是生成的方法。

对于蒙古包的转译，我们将小型的民用蒙古包转译为八边格子屋式的构建，还有二十四边接近圆形的构建，针对极寒地区的双层蒙古包，针对大型公共空间的大型包，以及可以用于覆土建筑的半球蒙古包。

材料的兼容性：材料的选用会带来众多不同的感受，它充满着奥秘，会带来一种强烈的激情，或一种永久的喜悦。材质之间的关系，可以有一千种不同的处理可能。你总会产生想法——想象着会创造出点什么。建筑师在材料的外观和重量方面有非凡的感受，而这恰好是设计师正在设法讨论的东西。这包括材料的外观、重量以及材料与材料之间的组织关系，不同材料经过重新组合，创造出不同的可能性，表现出非凡的质感。传统蒙古包以柳枝搭配毛毡的形式搭建蒙古包，柳枝间通过牛皮钉连接；用木材搭配毛毡的形式来搭建，中间填充泡沫海绵来满足使用者对于温度舒适性的要求。

物品的表现力：咖啡桌，蒙古象棋桌；文艺之家——它所需要的设计应避免过于从容和精美。物品在家中的摆放多数情况下都并不是简单为好看而摆放的，物品的摆放或因为其特殊的地位、文化、宗教或者生活习惯等原因，都表现出其自身的归属性，从中不难发现一些可以解读得到的内涵。我们在对传统蒙古包的调研之中发现了蒙古包的布置中男性与女性、中心与四周的分区，所以我们在蒙古包的转译过程中保留了中间的核心空间，将哈那上的储物空间转变到格子之中。

材料的兼容性 表4-15

| 材料的兼容性与物品的摆放 |
| --- |

（3）空间属性

空间的声音是指当你做一座建筑时，设法把建筑做成一处寂静的空间，目前是相当困难的。而我们必须不遗余力地做出安静的房间，并想象它们处于自身的沉静中。

声音来自于我们的日常生活之中，可能是喧闹，也可能是寂静，来源于其比例关系和材料发出的声音，外在的喧闹则来自于生活的斑驳印迹。

空间的温度：每座建筑都有特定的温度。可能有点像调试钢琴，找寻合适的状态，也可指氛围。温度在这里是指物理上的，但也可认为是心理上的，它存在于所看见、所感受、所触及的东西中。

与空间的声音相似，空间的温度不仅仅是物理上的温度体验，更是心理上的温暖与冷酷，包含着一种在家里的温暖，一种舒适的感受。在物理的温度调节上我们利用设置在蒙古包基础上的气孔与天窗构成烟囱效应的温度被动调节机制，而圆形的平面呼应着蒙古族自己民族的传统认知，木材天然的温暖温馨的视觉感受更是配合着暖黄色的灯光或者日照。

空间属性　　　　　　　　　　　　表 4-16

| 空间场景属性 |
| --- |

（4）场所属性

建筑可采取略呈球体的形式，并且构筑一个小方框，有室内和室外之分。你可以在里面，或者在外面，且室内外之间的转换几乎不能被察觉，具有一种难以置信的场所感、集聚感。当我们发现自己被某种东西围合、被包裹，使我们聚在一起，控制着我们——不论我们人数众寡。这是个人和公众、私人圈子和公共圈子竞相展示的场所。

建筑物往往会对街道或广场表述点什么。它们可以对广场说，我真的很高兴坐落在这个广场上；它们或许又会说，我是这里最美丽的建筑——你们全都看起来丑死了，我才是"大腕"。建筑物是可以说这类话的。

场所是建筑与周围所包含的一切，室内外的关系是建筑在场所中如何聚集自然、聚集所有元素的最重要的部分。室内外空间的关系会给人一种特殊的感受，或是封闭或是开放，或是交融或是独立，那我们选择透过边界到底看到的是什么，阻挡的是什么？

镇静与诱导：讲的是建筑对于移动的引导方式。建筑是一门时间与空间的艺术。那就意味着要考虑人在建筑中移动的方式；引发一种自由移动的感觉，一个满足的环境，一种心境——更多的是诱导人们，而不是把人们指来引去。但也有诱导的优雅艺术，使人散开、闲逛，而这正是建筑师有权来决定的。这种能力近似于设计一个舞台布景，执导一出戏。我们总是设法找出一种方式来把建筑物的各部分集合起来，以使它们形成自己的关联，正如它们曾经的那样。将门也做成格子样式，完整了整个室内立面，并且阻隔了室内外的视线交流，所以门口地区成为最吸引人的地方。格子墙也成了小孩子们的游戏天堂，建筑的有序性、诱导性、合理性会让走入的人感到轻松与愉悦。

场景属性                                    表 4-17

| 照片 |
| --- |

密切程度：它跟亲密度和距离有关，比尺度、尺寸更为实在，涉及各个方面——尺码、尺寸，以及与自身形成对照的建筑体块。人的尺度必须或多或少与自身的大小等同，但这并不那么容易。然后，还有一样东西跟距离和亲近度有关，跟与人的距离有关，即人与建筑物之间的距离。

（5）万物之光

要系统地着手材料及表面的照明工作，要观察它们反射光的方式。依据对它们反射方式的了解来选择材料，要基于这些了解把所有东西组合起来。日光、灯光等形式多样，便捷于人们的生活。同样，希望之光是生活的信仰与动力。要把光当作特殊的体块插入建筑之中，并系统地对应使用的材料。

万物之光                                    表 4-18

| 描述 | 照片 | | |
| --- | --- | --- | --- |
| 传统蒙古包中套瑙照下来的光打在哈那上，对应着不同的节气与时间，我们保留了这样的结构，同时蒙古包夜晚的灯光如同灯塔一般在黑夜中闪耀 | | | |

## 第 5 章

蒙古包住居原型功能转译

将"住居学"视角引入蒙古包住居设计研究中，以"居住者"视角来看待居住行为和居住生活的演变。对蒙古包住居原型功能的转译，首先基于日本住居学研究先驱吉坂隆正先生所提出的"生活类型论"对传统蒙古包住居中的生活方式进行分析，得出住居功能的主要分类，分别是满足蒙古人基本生物性需求的保护功能、满足蒙古人家庭生活需求的生活功能，以及满足蒙古人精神生活需求的社会功能。而后从保护功能、生活功能、社会功能三个层次对蒙古包住居原型进行功能转译，使其能够满足当代蒙古族牧民对于住居功能多元化、空间多义性、生活现代化的使用需求。

## 5.1　住居功能理论解析

住居学是日本在对建筑学以及欧美家政学（Athenians/Home Economic）的研究基础之上发展、形成的一种研究居住形式与生活方式的科学门类，自 20 世纪 50 年代至今已有 70 余年。住居学是一个包含了人类学、社会学、民俗学、历史学等软科学广泛领域为一体的综合性学科[2]。

本题中对蒙古包牧民住居的研究以"住居学"视角切入比以"建筑学"视角切入更为恰当。首先，对居住建筑而言"住居学"比"建筑学"内涵更为广泛，"住居"包含宅基地、街道、环境等居所，受家庭成员的构成、经济状态、生活态度、年龄结构、生活方式、风俗习惯、社会结构等影响。其次，"住居学"从"居住者"的角度来研究居住建筑，相较于从设计与建造角度来研究居住建筑的"建筑学"更具说服力。最后，从住居学角度研究当前内蒙古牧民的住居文化生活，揭示其发展规律，提出现代适宜性住居，同时也能够为该地区人居环境研究提供理论支撑。"住居学"与"建筑学"虽然都能达到研究居住建筑的目的，但"住居学"往往跳出建筑学范畴，从相对更大的领域和较新的视角研究居住行为和居住生活的演变，在某种程度上充实了对居住建筑的研究。

### 5.1.1　住居功能三层次含义

在由岸本幸臣、吉田高子等学者编著的《图解住居学》一书中，住居的功能发展被划分为三个主要阶段。首先，作为保护身体不受自然界风雨酷暑严寒侵袭以及保护生命的第一次功能阶段；其次，作为家庭生活容器以满足家庭成员共同生活的第二次功能阶段；最后，作为充实个人生活余暇，满足自我放松、休憩的第三次功能阶段[79]。以住居学视角看待住居功能的变迁便可以发现，其与不同时代居者的生产、生活方式息息相关，而二者往往表现在不同的生活行为之中。在

1933 年通过的《雅典宪章》之中便将人类的生活行为划分为日常生活、劳动和休息三个部分，即所谓的"三分法"。1965 年日本住居学研究先驱吉阪隆正先生在《住居的发现》中进一步充实了"三分法"，提出了生活的三种类型。第一生活指休养、采食、排泄、生殖等人的生物性基本行为；第二生活指家务、生产、交换、消费等辅助第一生活的行为和活动；第三生活指表现、创作、游戏、构思、冥想等精神活动。这三类生活构成了人们在住居中的行为特征，并以住居为空间载体。同时吉阪隆正先生认为，人的生活是从占据空间和时间开始的，动物筑巢仅仅为了个体的生存和物种的存续，这是生物生存的两大原理。而可以意识到时间的动物——人类的住居还要附加一个动物的巢所看不到的历史价值观，即把生活和居住放在时间轴上来设定，这往往影响着人类住居形态的连续性与演变性[2]。

住居功能三次发展 表 5-1

| 功能阶段 | 生活行为 |
| --- | --- |
| 第一次功能阶段——避难、保护的场所 | ·抵御自然灾害<br>·躲避风雨寒暑<br>·从社会紧张压力中解脱 |
| 第二次功能阶段——家族生活的场所 | ·生活资料的生产<br>·生儿育女<br>·烹调、用餐<br>·合家团圆<br>·家财管理<br>·家庭看护<br>·招待、近邻交流 |
| 第三次功能阶段——个人发展的场所 | ·工作、学习<br>·休养、休憩、睡眠<br>·趣味、自我实现 |

由此可以看出，对于蒙古包住居原型的功能转译应首先建立在基于生活类型划分的蒙古包住居原型功能以及住居历史价值观的分析之上，从而完成具有连续性以及演变性的蒙古包住居原型的功能转译。

### 5.1.2 蒙古包住居功能的三个层次

（1）保护功能层次

蒙古包作为北方游牧民族传统住居的成熟形制，其在使用功能的发展上也基本与上述内容相符。在原始时期，蒙古高原先民的住居从最初的"穴居"逐渐发展成为以树枝、树叶、兽皮等材料围合组成的"棚屋"，作为住居的初级阶段其更多的是作为庇护的场所，保护蒙古高原的先民免受自然寒暑的侵袭以及毒虫猛兽的侵害。

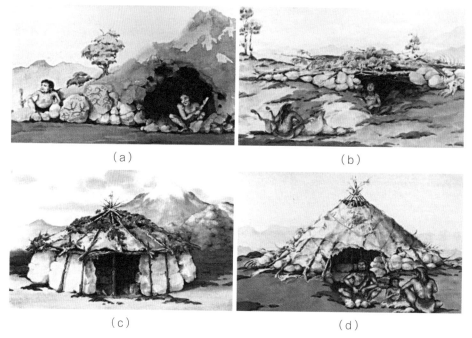

（a）　　　　　　　　　　　　　　（b）

（c）　　　　　　　　　　　　　　（d）

图 5-1　保护功能

（资料来源：《蒙古族建筑的谱系学与类型学研究》）

随着生产资料的发展，"棚屋"逐渐过渡到"毡帐"，形成了以乌尼、哈那、套瑙等构件组成的框架结构外覆毛毡的形式。毛毡阻挡了夏日酷暑与寒冬风雪，根据季节使用不同的厚度，夏季通常覆盖一层毛毡足矣，冬季则通常覆盖三层。传统蒙古包以毛毡围合使得蒙古包内部与外界相隔，并通过加毡与起毡的方式分别应对寒冷的冬季与炎热的夏季，保护人类免遭自然的侵袭。

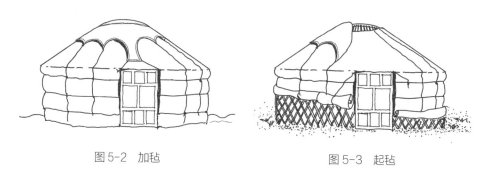

图 5-2　加毡　　　　　　　　　　　　图 5-3　起毡

清朝时期由于布的引入而形成了传统毡包与毡帐结合的华盖式蒙古包类型，其基本特征为在一顶蒙古包上方支起伞状华盖，华盖中心点由从蒙古包天窗中心伸出的木柱支撑，且华盖外围也由一圈木柱支撑，并附以绳索拉结，华盖的外边缘形成环绕蒙古包的外廊空间。"华盖式蒙古包"是蒙古包在对于其保护功能探

图5-4　华盖式蒙古包
（资料来源：《清代宫苑中的穹庐——圆明园含经堂蒙古包研究》）

索上出现的一个重要的建筑原型，硕大的华盖支撑在蒙古包之上，在夏天可以为蒙古包起到遮阴的作用，同时形成的外廊空间也为当时的人们提供了休憩的室外场所。

（2）生活功能层次

随着生产资料的发展，以牲畜驯养的游牧时代到来，以家庭或家族为单位的游牧生活逐渐出现。游牧民族的住居逐渐由原始的"棚屋"过渡到住居功能发展的第二阶段，形成了以单一空间为主、便于拆装、便于运输的毡帐住居。此时其除了满足牧民基本的生理生活需求之外，也同时为其家庭生活的诸多行为提供了适当的场所，并形成了严格的空间秩序，形成了以火撑为中心的二元分立的空间划分。

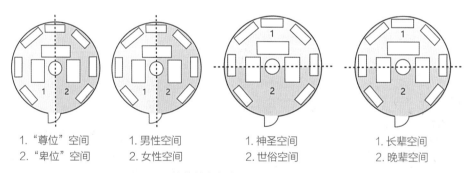

| 1."尊位"空间 | 1.男性空间 | 1.神圣空间 | 1.长辈空间 |
| 2."卑位"空间 | 2.女性空间 | 2.世俗空间 | 2.晚辈空间 |

图5-5　传统蒙古包生活场景及空间秩序划分

清朝时期出于使用功能的分化需求，在圆明园含经堂内出现葫芦式、三合式、五合式等不同组合形式的蒙古包。三合蒙古包在清代到民国末年主要由蒙古王公活佛使用，其类型有前后连贯式和左右并列式两种，但最多不可超越三架[66]。五合蒙古包是典型的官式帐幕，由清帝和高僧活佛使用。据史料记载，搭建于含经堂南广场的五合蒙古包主要供乾隆皇帝修行和供佛使用，其中西一座为佛堂，东一座为办事房，后一座为寝宫[67]。

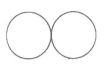 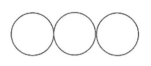 

（a）单体蒙古包　　（b）双合蒙古包　　（c）三合蒙古包　　（d）五合蒙古包

图 5-6　传统蒙古包谱系中出现的多平面组合形式

### （3）社会功能层次

相较于当代对个人精神发展的功能追求，传统蒙古族生活中的第三次功能发展则更倾向于对一种以集体意识或集体精神所驱动的"社会功能"的需求，其主要表现在具有公共性与地域性的文化、祭祀与节庆活动之中，如祭火、祭敖包、那达慕等，而同时蒙古包本身也兼备一定的社会公共属性，这种公共属性是草原人的共识，在草原上有一座蒙古包，在人们的心意中并不是别人的家，而是大家集体的家，蒙古包的蒙语名"格尔"就是家的意思。在茫茫的草原上，路过的每一个蒙古包都是物资补给站，每个蒙古包的主人都有给路过的旅人提供食物和水，还有必要的遮蔽和救护。这种住居的公共属性，是在草原上的恶劣环境中生存的人们世代传承下来，对生命尊重的一种集体无意识。

图 5-7　传统蒙古族文化活动

（资料来源：《中国传统建筑解析与传承·内蒙古卷》）

## 5.1.3　蒙古包住居功能三层次解析

通过上述分析可以将蒙古包住居原型的功能依照其生活类型划分为满足蒙古人基本生物性需求的保护功能、满足蒙古人家庭生活需求的生活功能，以及满足蒙古人精神生活需求的社会功能。

| 住居类别 | 第一次功能：保护功能 | 第二次功能：生活功能 | | 第三次功能：社会功能 | | |
|---|---|---|---|---|---|---|
| | 原始的住居 | 生活的住居 | | 文化的住居 | | |
| 住居功能 | 生存功能<br>生理功能<br>防护功能 | 生存功能<br>生理功能<br>防护功能 | 生产功能<br>家庭功能 | 生存功能<br>生理功能<br>防护功能 | 生产功能<br>家庭功能 | 文化功能<br>地域功能 |
| 生活场景 | | | | | | |

资料来源：《蒙古族建筑的谱系学与类型学研究》《蒙古族图典·住居卷》《中国传统建筑解析与传承·内蒙古卷》

## 5.2 住居的保护功能转译

### 5.2.1 保护功能现状与需求

在当代"保护功能"可以被拓展为对于住居舒适度与耐候性的需求。出于对定居化后住居舒适性的需求，在文化深度交融的内蒙古南部农牧交错区域开始大量出现各式的生土住居，但其并非是简单的形式移植，而是以涵化的方式被当地所接纳。例如将传统蒙古包的哈那、乌尼与毛毡以生土替代，形成了与传统蒙古包形式基本相同，但结构、材料等均有很大差异的土坯包，并在内部加设了汉族的火炕、火灶等设施，从而进一步提高了土坯包的保暖性。其开窗方式也不同于传统毡帐住居，以侧墙上的开窗代替了传统蒙古包顶部的天窗，使得室内的可视范围增加。由此可见，土坯包是蒙古人在定居化过程中对传统蒙古包住居所进行的自发性材料置换，此种住居类型是蒙古族住居文化与汉族住居文化相互作用的结果，既反映了在文化交融的背景下，蒙古人对于本民族定居化住居形制的探索，同时也反映了其对于住居保护功能中满足人基本生理与生存需求的舒适性与耐候性的更高需求。

图 5-8　生土住居
（资料来源：《蒙古族图典·住居卷》）

### 5.2.2　保护功能的现代转译

　　以华盖式蒙古包为原型对蒙古包第一住居功能——保护功能进行现代转译。延续"华盖"用于调节蒙古包气候的功能，并对其进行拓展，结合现代技术将传统的"华盖"转译为具有气候调节功能的调节系统，用于改善室内气候条件并降低能耗。

　　将"华盖"转译为由热辐射阻隔膜、可控旋转构件、可控推拉构件组成的气候调节装置，在不同的季节通过调控装置控制外包的热辐射阻隔膜以达到不同的开启 / 关闭方式，从而达到以下状态：

　　（1）冬季白天：外膜旋转打开，使聚光器充分吸收光能，并将热量储存，用于夜间采暖。

　　（2）冬季夜晚：外膜旋转关闭，外包形成蒙古包的气候迎接面与过渡空间，将生活部分与寒冷的室外环境隔离。白天所集的热量由热循环系统在夜间进行放热，同时外包的热辐射阻隔膜对散热进行延缓，保持室内恒温。

　　（3）夏季白天：外膜竖向打开，形成与传统华盖式蒙古包相似的廊下空间，此时外膜起到遮阳作用，配合可拆卸的格子模块与可开启的光热模块为室内增加通风，在炎热的夏季，白天可使蒙古包室内达到舒适的气候条件。同时，外膜形成的廊下空间也可为牧民提供多样的活动方式。

（4）夏季夜晚：外膜竖向关闭，由于夏季夜晚草原气温相对较低，因此关闭热辐射阻隔膜可使蒙古包内的热量不易散出，通过居住在包内的人体自发热即可维持夜间室内舒适的温度。

华盖式转译蒙古包以胶合木为构架材料以便装配式生产，以气凝胶代替传统保温材料结合纤维制成气凝胶毡，填充于格子之中可以有效隔绝空气对流传热。其具有导热系数低、使用寿命长、无毒等特点，且憎水率大于99%，属于A级不燃材料，10mm气凝胶的保温性能约等于30~50mm的传统保温材料。

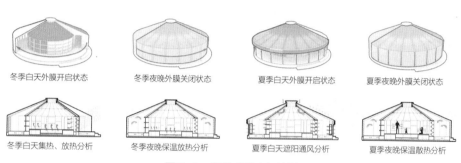

冬季白天外膜开启状态　　　冬季夜晚外膜关闭状态　　　夏季白天外膜开启状态　　　夏季夜晚外膜关闭状态

冬季白天集热、放热分析　　冬季夜晚保温放热分析　　夏季白天遮阳通风分析　　夏季夜晚保温散热分析

图 5-9　华盖式蒙古包转译

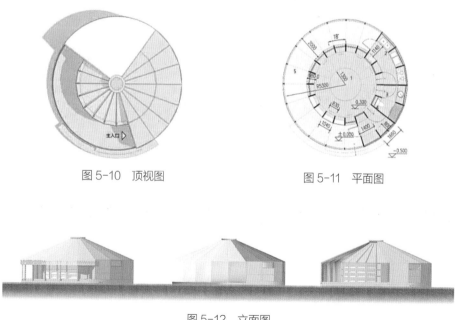

图 5-10　顶视图　　　　　　　　　　图 5-11　平面图

图 5-12　立面图

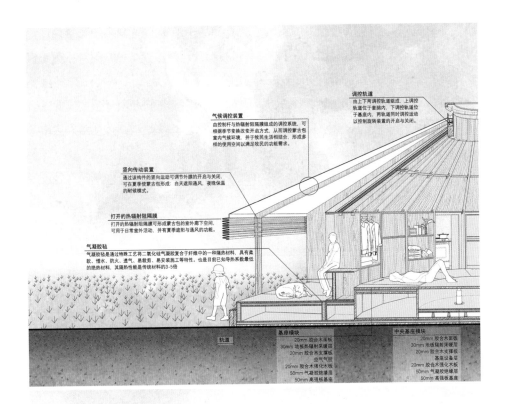

气候调控装置
由控制杆与热辐射阻隔膜组成的调控系统，可根据季节变换改变开启方式，从而调控蒙古包室内气候环境，并与牧民生活相结合，形成多样的使用空间以满足牧民的功能需求。

调控轨道
由上下两调控轨道组成，上调控轨道位于套脑内，下调控轨道位于基座内，两轨道间同时调控运动以控制旋转装置的开启与关闭。

竖向传动装置
通过该构件的竖向运动可调节外膜的开启与关闭，可在夏季使蒙古包形成；白天遮阳通风，夜晚保温的附候模式。

打开的热辐射阻隔膜
打开的热辐射阻隔膜可形成蒙古包的室外廊空间，可用于日常室外活动，并有夏季遮阳与通风的功能。

气凝胶毡
气凝胶毡是通过特殊工艺将二氧化硅气凝胶复合于纤维中的一种隔热材料，具有柔软、憎水、防火、透气、易敷固、易安装施工等特性。也是目前已知导热系数最低的绝热材料，其隔热性能是传统材料的3-5倍

| 轨道 | 基座模块 | 中央基座模块 |
|---|---|---|
| | 20mm 胶合木面板 | 20mm 胶合木面板 |
| | 30mm 地板热辐射采暖层 | 30mm 地板热辐射采暖层 |
| | 20mm 胶合木支撑板 | 20mm 胶合木支撑板 |
| | 空气气腔 | 基座设备层 |
| | 20mm 胶合木强化木板 | 20mm 胶合木强化木板 |
| | 50mm 气凝胶绝缘层 | 50mm 气凝胶绝缘层 |
| | 50mm 高强板基座 | 50mm 高强板基座 |

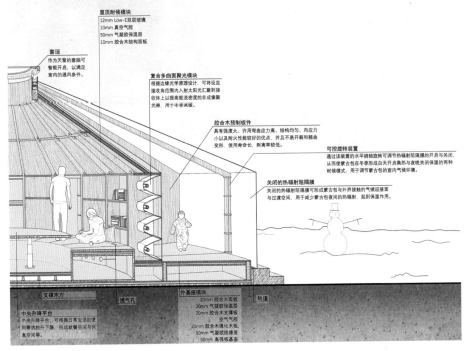

屋顶耐候模块
12mm Low-E双层玻璃
10mm 真空气腔
50mm 气凝胶保温层
10mm 胶合木结构面板

套瑙
作为天窗的套瑙可智能开启，以满足室内的通风条件。

复合多曲面聚光模块
根据边缘光学原理设计，可将设定接收角范围内入射太阳光汇聚到接收体上以提高能流密度的非成像聚光器，用于冬季采暖。

胶合木预制板件
具有强度大、许用弯曲应力高、结构均匀、内应力小以及耐火性能较好的优点，并且不易开裂和翘曲变形，使用寿命长，剩离率较低。

可控旋转装置
通过该装置的水平绕轴旋转可调节热辐射阻隔膜的开启与关闭，从而使蒙古包在冬季开启白天开启集热与夜晚关闭保温的两种附候模式，用于调节蒙古包的室内气候环境。

关闭的热辐射阻隔膜
关闭的热辐射阻隔膜可形成蒙古与外界接触的气候边界与过渡空间，用于减少蒙古包夜间的热辐射，起到保温作用。

| 支撑木方 | 通气孔 | 外基座模块 | 轨道 |
|---|---|---|---|
| | | 20mm 胶合木面板 | |
| | | 30mm 气凝胶保温层 | |
| | | 20mm 胶合木支撑板 | |
| | | 空气气腔 | |
| | | 20mm 胶合木强化木板 | |
| | | 50mm 气凝胶绝缘层 | |
| | | 50mm 高强板基座 | |

中央升降平台
中央升降平台，可根据日常生活的使用需求起升下降，形成就餐空间与休息空间等。

图 5-13　构造分析图

图 5-14　效果图

## 5.3　住居的生活功能转译

### 5.3.1　生活功能现状与需求

通过对通辽市扎鲁特旗蒙古族聚居地的调研发现，以游牧为主体的生产生活方式在该地已被冬季冬营地定牧、夏季夏营地轮牧的生产方式所替代，至此传统蒙古包住居逐渐演变为一个临时的居所，以传统居住习俗作用下形成的空间秩序几乎不复存在。例如部分蒙古包住居中火炉被方桌取代，就寝空间以北侧的火炕居多，现代的家用电器进入住居之中并依据使用者的习惯进行摆放，并未看出有明确的空间秩序需求，同时室内的火炉多用于取暖和烧水，而烧饭的炉灶则被移至蒙古包外部，间接凸显了室内功能不能满足现状需求。

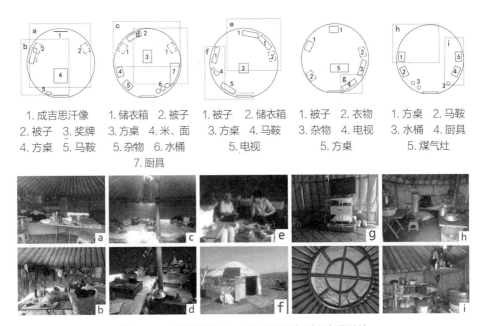

1. 成吉思汗像　　1. 储衣箱　2. 被子　　1. 被子　2. 储衣箱　　1. 被子　2. 衣物　　1. 方桌　2. 马鞍
2. 被子　3. 奖牌　　3. 方桌　4. 米、面　3. 方桌　4. 马鞍　　3. 杂物　4. 电视　　3. 水桶　4. 厨具
4. 方桌　5. 马鞍　　5. 杂物　6. 水桶　5. 电视　　　　　5. 方桌　　　　　5. 煤气灶
　　　　　　　　　7. 厨具

图 5-15　夏营地蒙古包内陈设平面实测及实景照片

定居的牧民住居与汉族住居相似，具备单独的厨房，实现了食寝分离。传统蒙古包内进行着所有日常家务活动，当代功能则不断分化，除了食寝分离以外，还实现了居寝分离。因此，功能分化是生活功能的基本需求，生活功能的居住空间不再是单一生活空间，而趋向于多功能空间的食寝分离、居寝分离。

当代定居蒙古族住居生活功能分析　　　　　　　　　　　　表 5-3

而在现代生活中，由于生活水平的提高，牧民需求呈现多样化的特征，譬如私密性、舒适度、卫生性等要求，导致蒙古包室内生产生活功能及其空间产生分化。可见"生活功能"在当代的生活中对住居现代化的要求，在传统蒙古包的发展过程中融入当代牧民的新需求，作为历史传承的一部分，推动牧区住居更好地传承蒙古族文化。同时在蒙古包内所呈现的功能分化皆是围绕其仪式化的内部空间产生的，因此，对于物质生活水平的提升使住居不断趋于舒适化、现代化的住居功能分化，传统蒙古包也应逐渐由神本空间向人神共生与人本空间过渡。

**住居类型的发展**  表5-4

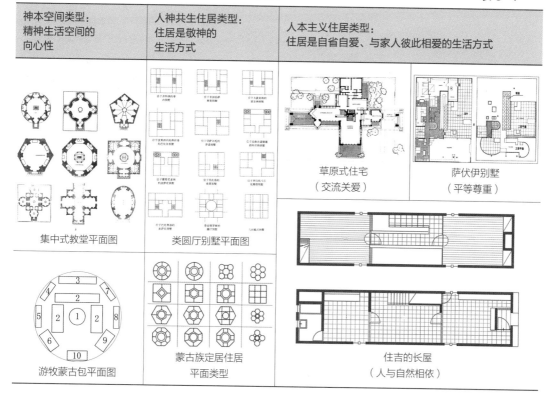

| 神本空间类型：精神生活空间的向心性 | 人神共生住居类型：住居是敬神的生活方式 | 人本主义住居类型：住居是自省自爱、与家人彼此相爱的生活方式 |
|---|---|---|
| 集中式教堂平面图 | 类圆厅别墅平面图 | 草原式住宅（交流关爱）／萨伏伊别墅（平等尊重） |
| 游牧蒙古包平面图 | 蒙古族定居住居平面类型 | 住吉的长屋（人与自然相依） |

## 5.3.2 生活功能现代转译

### （1）圆组合住居类型转译

蒙古包由历时向度的功能展演将转换为多舞台共时交错，生活功能的转译探索将其潜在的餐厅、厨房、卫生间、卧室、客厅、起居室等功能进行平铺展开，其中客厅不仅起组织各功能空间的作用，深层次更是"家庭精神汇聚"的核心。而其他功能房间围绕其展开。

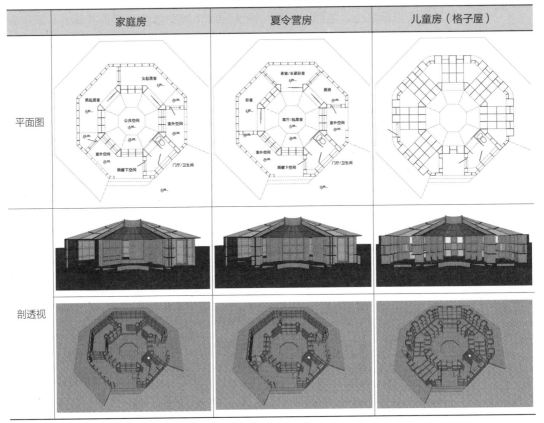

| | 家庭房 | 夏令营房 | 儿童房（格子屋） |
|---|---|---|---|
| 平面图 | | | |
| 剖透视 | | | |

　　为便于平面组合和构件工厂化、批量化的生产需要，蒙古包建构转译实践平面由圆形转化为八边形，保持原始内部空间的向心性，使其无论是单个还是群体组合，传统蒙古包的"汇聚"核心在生活功能转译的过程中依然得以保存。同时在群组组合中各功能分布在不同的单体中，从而满足当代牧民对于公私空间与当代生活的需求。

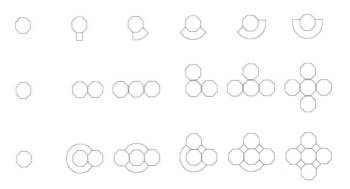

图 5-16　八边形蒙古包组合类型

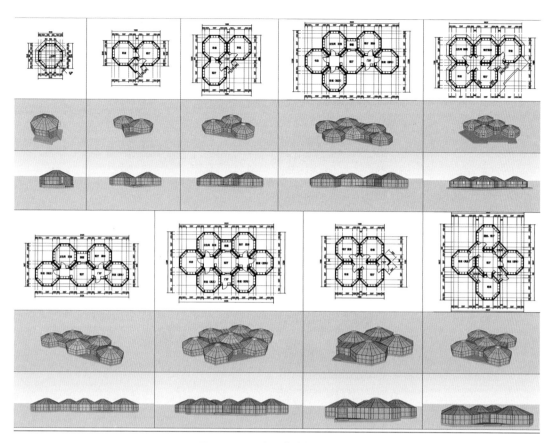

图 5-17　八边形蒙古包组合类型

### （2）多空间组合住居类型转译

尝试将多元共生的自由平面与传统蒙古包住居功能转译相结合，形成以类圆形空间为汇聚中心的自由平面布局，满足了当代蒙古族牧民对于神性空间的向往以及对于公私生活分区的需求，同时满足其当代生活的使用功能需求。

随着牧区定居生活的推广，牧民原始的游牧生活逐渐转变为以定居为主的放牧生活，随之而来的是牧区牧民对于新的生活功能分化的需求，例如生产空间包含大羊圈、小羊圈、洗羊池、草饲料库等。同时其转译应满足传统蒙古族地区对

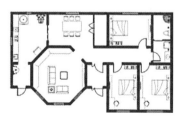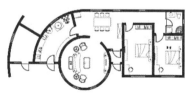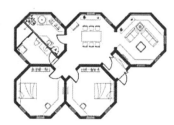

图 5-18　定居住居生活功能转译探析

于住居文化性、艺术性、生态性的需求，以沙袋建筑的建造方式与自由平面相结合，以此来探索牧区牧民定居点的住居生活功能的转译。

**定居点住居功能转译探析**　　　　　　　　　表 5-6

| 户型 | 效果图 | 平面图 | 面积(m²) |
|------|--------|--------|----------|
| A1 | | |   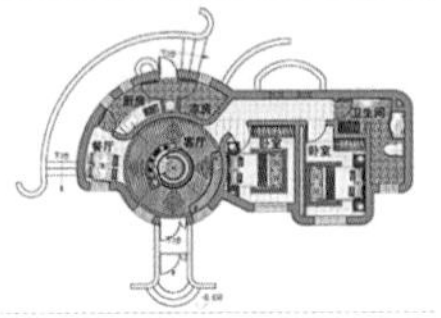 85.6（两室） |
| A2 | | |   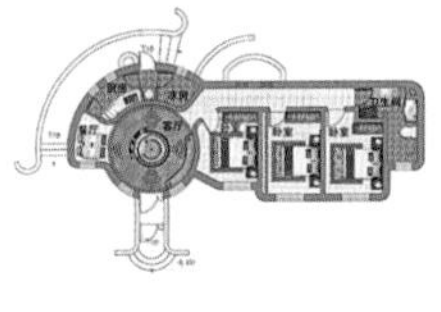 105.5（三室） |
| B1 | | |   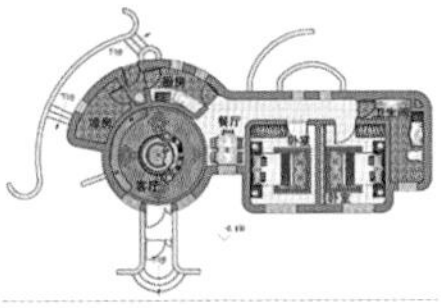 82.5（两室） |
| B2 | | |   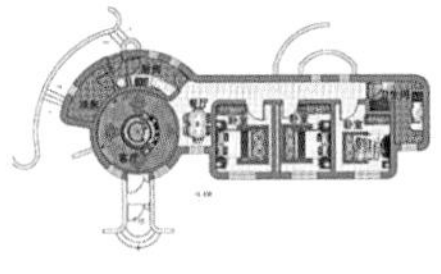 95.7（三室） |
| C1 |  |  | 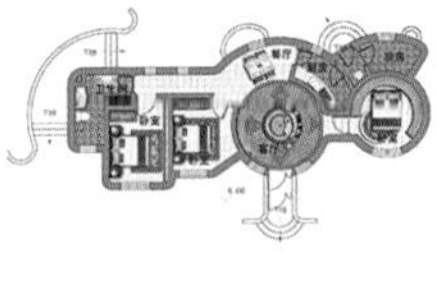 107.0（三室） |
| C2 | | |   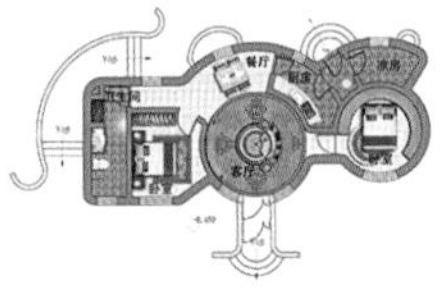 89.5（两室） |

图 5-19　平面图

图 5-20 沙袋建筑——牧民合作社建筑实践

同时在对以体验式旅游为主要产业的牧区进行调研的过程中发现，其延伸出了对于旅游业的住居功能分化的需求，由此针对这一问题将旅游及其衍生出的住居功能需求与自由平面相结合，形成以下住居生活功能转译探析。

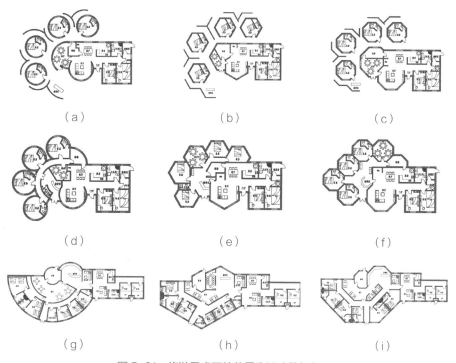

（a）　　　　　　　（b）　　　　　　　（c）

（d）　　　　　　　（e）　　　　　　　（f）

（g）　　　　　　　（h）　　　　　　　（i）

图 5-21　旅游需求下的住居生活功能探析

## 5.4 住居的社会功能转译

### 5.4.1 社会功能现状与需求

蒙古高原先民自古以游牧为生，其信仰泛神论，为祈福自然神而进行的公共活动便如此应运而生，如那达慕、敖包那达慕等。传统的那达慕空间呈圆形，帐幕或毡包位处中心，包前形成由众人围合的圆形搏克场地，其外围为灶台、水车等设施，最外围为马匹等[80]。

图 5-22　传统蒙古族文化活动
（资料来源：《中国传统建筑解析与传承·内蒙古卷》）

在调研中发现，现在牧区区域化的放牧定居，使得住居生活逐渐遗失了蒙古包这一原始公共属性，真正的公共建筑，现代意义的公共建筑应该得以呈现，比如草原上的那达慕活动，其需要一个临时性的大型公共空间，而当代草原生活中还不具备这样的临时建筑，有的则是为旅游等商业目的、观礼目的做了一些固定的非常宏大的永久性那达慕会场建筑，这些显然跟草原生态景观、传统集体活动的空间观念非常不同。

图 5-23　蒙古族公共建筑现状

### 5.4.2 社会功能现代转译

　　本书希望通过蒙古包的建造理念，用比较小的木构件结合覆盖的织物，构筑一种临时的大空间建筑，满足这种社会功能的需求，选择的空间结构原型是古典的空间建构元素，来回应天地之间的广袤草原所蕴含的特定场所精神。因此基于先前所研究的蒙古包转译的成果，在此处结合公共性建筑的需求进行了传统蒙古包公共性社会功能转译的探析。

　　传统蒙古包是羊毛织物与木构框架组合而成的建筑单体，故此在这里选用以张拉薄膜与胶合木构结合的方式来完成材料置换原则下的传统类蒙古包建筑单体的现代转译。同时古典建筑的穹窿、十字拱、帆拱等空间原型所表达的宇宙性以及其所展现的天地之间的场所感与蒙古族"天似穹庐"的传统建构精神相合，因此本小节以住居学视角针对古典建筑空间与现代织物、木构技术结合的方式，运用其所蕴含的公共性来探求符合内蒙古地域蒙古族精神的、具有临时性的公共建筑。

　　古典建筑公共属性之一：万神庙的穹顶以其所形成的空间形态配合中央天窗形成其具备神圣性的内部空间氛围，故此以胶合木结构转译万神庙的穹顶空

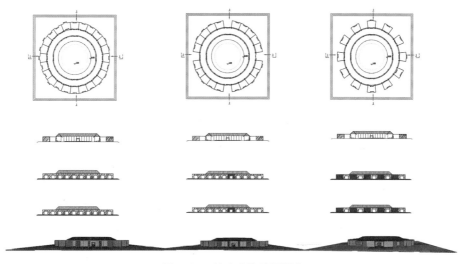

图 5-24　社会功能转译尝试

图 5-25　效果图

间，使其满足草原上公共活动所需的空间要求，同时出于功能多样性和生态性考虑，要求平面可灵活布置、构件装配简单、对环境影响小。转译后的穹顶是由多个单体围合构成的，将平衡侧向推力的厚重墙体转译为网架结构。实现单元独立支撑，并在构架外附张拉膜，形成原型单元。原型单元沿圆周围合，形成穹顶效果，且单元之间不需要连接构件，平面可灵活组织。从而形成多样的平面类型、舞台类型，以满足牧民在草原之上多样的公共生活需求。

古典建筑穹顶原型建构转译　　　　　　　　　　　　　　　表 5-7

| 万神庙原型 | 木构转译 | | | 组合 |
| --- | --- | --- | --- | --- |
| | 原型单元 | 单元衍生 | 覆膜 | |

图 5-26　效果图

古典建筑公共属性之二：西方拱形建筑的空间精神性，与蒙古包空间精神性有同源相似之处，对其的转译与再组合是探索草原地区公共建筑空间建构营造的思路之一。同时十字拱、骨架券、帆拱是西方教堂类建筑发展进程中极具代表性和价值性的构件，因此以建构学的视角对其原始构件进行拆解并转译则显现出一定的必要性。

图 5-27　效果图

| 十字拱单元转译 | | | |
|---|---|---|---|

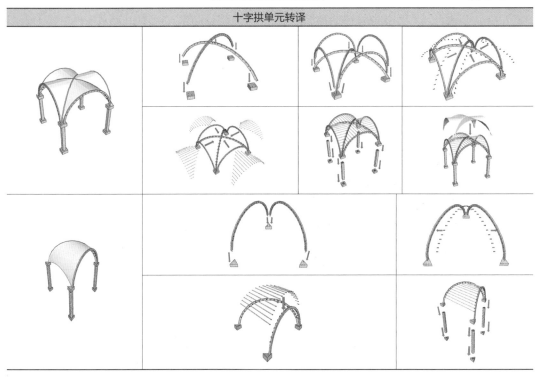

古典建筑公共属性之三：蒙古包人将蒙古包作为天空的象征，是蒙古族对于宇宙、自然的原始认知，历史上蒙古族曾经存在直径达 10 米甚至更大的蒙古包，作为可汗招待群臣、举行仪式的神圣空间，这样的大空间在当代依然具有现实意义。而圣索菲亚大教堂的圆形穹窿空间，同样象征了中东地区人们对于宇宙、对于神圣的原始认知，这与蒙古族人以圆形作为宇宙崇高感象征有异曲同工之处，因此在这里选择以圣索菲亚大教堂为转译原型进行公共文化需求的现代转译尝试。

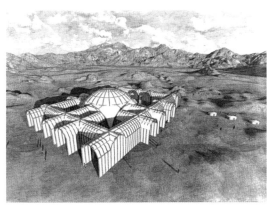

图 5-28　效果图

| 帆拱原型 | 转译过程 | | |
|---|---|---|---|
| | | | |

## 第6章

蒙古包住居原型建造转译

通过"建造转译"来对应解决住居需求中的"建造与环境"范畴，即"通过重新思考建筑空间创造所必需的材料、结构、构造方式，传递和丰富人们对空间的认识"[81]。通过尊重材料本真特性的逻辑构造生成空间，并呈现出一定的空间形态的内在逻辑。以牧民文化认同和情感归属的潜在需求等人文关怀为出发点，关注建筑本体，尊重蒙古包转译的材料、技艺、建造自身等科学与美学。

## 6.1　住居建造理论解析

而弗兰姆普敦认为建造通常需要考虑建造地点和类型、材料的制造及处理、材料的构造（组织）及（空间形态）整合这三个层面的问题[82]。现代主义之后的众多关于建筑文化的关注中，重提建构学，强调建筑生成物质层面的重要性，无疑是对肃清伪文化泛滥，回归严肃建筑学研究的重要学术立场，同时从材料到形式的多种可能性，让建构研究不排斥科学技术的所有可能性，是一个开放的可持续、可讨论的学术平台。所以本题采用建构学视角，旨在提供本研究一个具有明确兼容性的开始，为本课题组和业界同行的持续工作提供通俗语境和平台。

### 6.1.1　建构与构造方式

"建构"tectonic 一词起源于希腊，其最初为希腊文中的 tekton，意思为木匠或建造者。与之对应的动词是 tektainomai，而该动词又与意为木工工艺和斧工活动的梵文词 taksan 有关[82]。

学术著作中，最早在建筑领域使用"建构"一词的是德国人卡尔·奥特弗里德·缪勒（Karl Ofried Muller）。在 1830 年出版的《艺术考古学手册》中，缪勒师徒通过对一系列艺术形式的分析澄清"建构"的意义[82]。"艺术器皿、摆饰、住宅及人的聚会场所，它们的形成和发展不仅取决于实用性，而且也取决于与情感和艺术概念的协调一致。我们将这一系列活动称为建构，而建筑则是其中的综合性的代表。建筑最需要克服重力，在垂直方向发展，因此建筑能够强有力地表达深厚的情感"[82]。在 19 世纪德国理论家卡尔·博迪舍（Karl Botticher）和戈特弗里德·森佩尔（Gttfried Semper）的著作中，"建构"不仅是对结构和材料的表达，还可以表达具有美感的构造。建构的关键问题在于"建筑最终的形式表现与源自技术和建造必然性之间的关系"。博迪舍提出的"集成、形式"与"艺术形式"理论将建构作为一个完整系统，使其成为一个建筑学概念而不是一般意义的艺术史概念[82]。森佩尔在 1851 年提出原始住宅的四个基本元素：（1）基座（the earthwork）；（2）壁炉（the hearth）；（3）架构／屋面（the framework/roof）；（4）轻质围合表膜（the lightweight enclosing membrane）。他还将传统建筑的建造技艺分为"构架体系"（the tectonics of frame）和"砌筑体系"（the stereotomics of the earthwork）两种基本方式[73]。建筑史和理论学家肯尼思·弗兰姆普顿（Kenneth Frampton）解释了建构观念在现代建筑演变过程中的客观存在，以及结构和建造在现代建筑形式发展中的作用[73]。

在建筑价值观复杂多元的今天，将"建造"作为建筑中的本质问题，重提建筑学是"建造逻辑的艺术"，是应对全球化浪潮中建筑均质化与图像时代下建筑布景化的有效方法。

### 6.1.2 建构与建造逻辑

建造是"由材料到建筑形态"的物质化过程，材料是建造行为的对象，建筑形态是建造行为的结果。建造过程包含着材料的选择、制造、组织与整合等多个方面，同时也包含了建造过程对地形的适应以及建造方式的选择等，而其往往表现在建造地点和类型、材料的制造及处理、材料的组织以及整合三个层面。

（1）建造的地点和类型

建筑的建造受特定的自然环境和人文社会背景的影响，归根结底，建造是一个转换现实的问题[73]。

（2）材料的制造

建筑技术的发展首先在材料的制造和处理方式上得到体现，传统材料大多直接来源于自然，对它们的处理多限于物理变化。当今工业化时代，传统材料也有了规模化、标准化的制造方式，并且在物理和力学性能上得到提升，在多样化上得到扩展。但相较于现代材料，传统材料与手工艺关联密切，其具有很强的叙事性，适宜的尺度化容易被人感知。因此，对于传统材料和新材料的合理利用，是建造的重要命题。

（3）"材料的组织与整合"作为建造的核心

建筑实体由材料构成，而其实现过程则与建造方式密切相关，因此如何在建造的过程中实现材料的整合则显得尤为关键。真实性视角下合理的材料组织首先体现在对材料性能的尊重之中。而这既包括材料表面属性（非结构属化）的表现，也包括材料力学性能（结构属性）的表现。

## 6.2 蒙古包构造逻辑转译

### 6.2.1 传统蒙古包构造逻辑解析

据森佩尔对于"建筑的四要素"的探讨可知，"其认为'要素'是源自于人类的基本'动机'，是基于实用需求的技术操作，因而在起源处就必然与一定的制作方式和形式相联系"[73]，而在《北史·卷九十九·列传第八十七突厥传》中对游牧民族有这样的记载"其俗：被发左衽，穹庐毡帐，随逐水草迁徙，以畜牧射猎为事，食肉饮酪，身衣裘褐。"而其居所为"帐幕"，又称"毡帐"，故游牧民族又称为"有毡帐的百姓"，同时在《蒙古族简史》中记载了毡帐制作的方式："结枝为垣，形圆，高与人齐。上有椽，其端以木环承之。外覆以毡，用马尾绳紧束之。门亦用毡，户向南。帐顶开天窗，以通气吐炊烟，灶在其中，全家皆处此狭居之地。"[73]由此可见，蒙古包形态、材料、结构构件和建造方式均源自于游牧民族原始的游牧需求和为达这种需求而与之匹配的技术操作。

（1）基座

蒙古包在地基的建造过程中与其他风土建筑差异很大，其不需要挖土夯地，拆卸过后也不会留下废墟，其体现了蒙古人"天人合一"与自然和谐相处的自然观和宇宙观。一般蒙古包在建造时对地基的处理主要为两种方式，分别是牧民选好基址后，向下挖浅坑，在地面铺一层羊粪或草木灰用以防止潮湿，在其上再铺设木板凳或两至三层羊毛地毡，起保暖作用；以及抬高式建筑如毡帐式车庐，将蒙古包直接抬升离开地面。

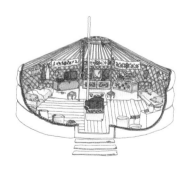

图6-1 基座处理方法一
（资料来源：《城市建筑学》）

图6-2 基座处理方法二
（资料来源：《建筑百家谈古论今——地域篇》）

（2）火炉

其不仅具有物质生产生活功能，同时也代表着家庭汇聚的核心和社会联系的纽带。而相对应的蒙古包内火炉作为蒙古包的核心，其不仅仅具有物质意义上的生产生活用途，还具有深刻的象征寓意，蒙古包中关于火炉的各类禁忌表达出蒙古族人民对"火"的崇拜，代表着蒙古包中"微缩宇宙"的中心，同样起汇聚的作用。此外，蒙古包圆形的内部空间与乌尼、哈那等构件呈现集中性的精神内涵，是隐含在宇宙当中汇聚精神内涵的体现，是一种隐含意义上的"火炉"。

（3）构架/屋面

蒙古包作为蒙古族游牧时期的建筑类型，其特点是便于拆卸、安装与运输，是一种原始的"装配式"建筑类型。蒙古包的结构构架部分包括由沙柳条制作而成的哈那，其具有一定的张力，由木材加工而成的乌尼、套瑙、门等组成。其均为天然植物性材料和少部分动物性材料组合而成。

套瑙作为蒙古包的核心构件，不仅是蒙古包通风排烟采光之处，其开合自由，不断与大自然交换声息，融为一体。而且是极具象征寓意的结构构件，是蒙古包中最重要的部件，同时也是构造最为复杂的结构构件。天窗在内蒙古各地区有明显的差异，具有鲜明的地域特征。套瑙是由无树结、无裂缝的桦木或榆木制作而成，其利用了简单的榫卯技艺。依据套瑙与乌尼的连接方式，一般可以分为插接式天窗和串接式天窗2种，前者在套瑙外围预留小孔，搭建蒙古包时将乌尼细端插入；后者用毛皮绳将乌尼上端串接于天窗外围。

乌尼是蒙古包顶部的主要组成部分，其是由松木、桦树或柳条制作而成，所有的乌尼长度、粗细必须一致，乌尼的数量、长度与蒙古包的大小直接相关。乌尼制作方式是将加工好的木条上端削扁用以插进套瑙周围预留的小孔，椽子下端也进行打孔并系上动物制成的毛绳，以便于与哈那头连接。

哈那是蒙古包围壁的骨架，起主要的支撑作用。一般选用直径2厘米左右的轻质沙柳，其粗细、长短近乎一致，将其交叉一起形成网状的哈那，每个连接点均用驼皮绳结连接，制作成可灵活伸缩的围壁，其利用了编织的手工技艺。

顶杆当蒙古包过大，其套瑙随之增大，重量增加，会导致套瑙下陷，其下面需用柱子支撑。顶柱的数量随蒙古包的大小而定，一般为2根或4根顶柱，其形式一般为丁字形、三角形等，有的外侧有纹饰，一般用松木制作而成。

蒙古包的门框高度与哈那高度相同，传统蒙古包的门用毡子制作而成的门帘作为遮蔽，现代蒙古包为木门，有单扇门和双扇门两种，其由门框、门扇、门槛和门楣等组成。

（4）轻质围合表膜

蒙古包"轻质围合表膜"主要由毛绳绑扎的毡子围合而成。毡子作为蒙古包的覆盖物，用于蒙古包的很多部位，用羊毛制作而成，首先选好羊毛，将杂质分离出去、晒干、扯毛，然后把羊毛置于旧毛毡或苫布上，用柳条弹毛，将羊毛变成毛絮。接着将毛絮均匀地放置于套瑙上面，用刷子洒水，把套瑙连毛反复滚动，并反复打开进行调整补充，最后毡子成型。此后进入"拉毡子"工序，骑着骆驼或马的两名男子用绳子拽着卷在牛皮里的毛毡在草地上滚动15～20公里，新毛毡成型。蒙古包的顶毡、围毡、盖毡和地毡等的制作需要依据需求由成型的毛毡进行裁剪而成。顶毡展开，形似梯形扇面，围毡为长方形，盖毡为正方形，四角有毛绳，便于开启。

图 6-3　毡子的传统制作工艺
（资料来源：《人文主义时代的建筑原理》）

### 6.2.2　传统蒙古包结构体系分析

蒙古包作为轻质线性构件组合而成的空间构架体系是一种杆系类建筑，其具有轻型、非永久、可移动的特点。其各构件之间的组织与整合是一种大众化的普遍在牧民间流传的工匠建造技艺，作为一种社会共识而存在，通过一次次重复性的迁移、拆卸、搭建使其建造技艺传承下来。就如安妮特·斯皮罗在《工具的诗学》中所说："对于杆系建筑而言，历史是不断地被重建的过程，原型持续不断地带着再微小不过的改动被复制，并同时被消解，这种与口承文化的可比性不容忽视，尽管始终是同一个故事，但每次都被重复讲述"[83]。蒙古包的建造过程的普遍模式为先立构架体系，后盖围毡与顶毡，最后放盖毡。

森佩尔将建造技艺分为两种基本类型：（1）构架体系（the lightweight enclosing membrance）；（2）砌体结构（the stereotomics of the earthwork）[73]。蒙古包作为杆系结构建筑，经过千年的演变呈现出现在严整的形式。蒙古包内部空间的哈那、乌尼和套瑙呈现出构造节点和结构受力的清晰可读，表达出一种秩序美，同时均质化的"圆形"空间与秩序化的家具陈设，表达着蒙古民族的世界观与宇宙观；蒙古包外部场所表现出蒙古包伫立于广阔的大草原，如同大海上的"一叶扁舟"，与大地融为一体，呈现出"天苍苍，野茫茫"的景象。

正如森佩尔对"围合动机"逐渐转向其在材料中所呈现的"面饰"的象征意义与遮蔽功能的探讨那样，在蒙古包中的四个构成要素也由其"原动机"逐渐衍生出了象征意义，例如由"构架/屋面"以及"围合"所形成的内部空间由最初的遮蔽动机与围合动机逐渐衍生为蒙古包内部"微缩宇宙"的象征，而"火炉"由最初的"火"的物质性功能逐渐衍生出其作为蒙古包"微缩宇宙"中心的精神汇聚象征等。

蒙古包材料与制作解析表　　　　　　　　表 6-1

| 要素 | 材料 | 工艺 | 蒙古包构件图示 | 构件名称 | 功能/作用/象征意义 | |
|---|---|---|---|---|---|---|
| 基座 | 草木灰/黏土/木材 | 陶艺/木工 |  | 木地板/草木灰坑/土炕 | 建筑防潮、保温、取暖等；耐候功能 | |
| 壁炉 | 铁 | 铁艺 |  | 火炉 | 采暖、煮食物等物质功能；精神"汇聚"的象征意义 | |
| 构架/屋面 | 桦木或榆木 | 木工 | 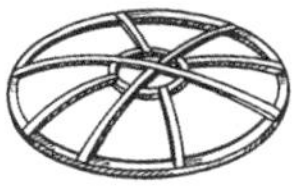 | 套瑙：插接式天窗、串接式天窗 | 通风、采光、排烟，微型梁架结构，在整体框架结构中对蒙古包起支撑作用 | 天似穹庐、穹庐似天的"微缩宇宙"象征 |
| | | | | 顶杆 | | |
| | 沙柳木 | 木工、编织工艺 | 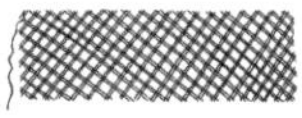 | 哈那 | 起结构支撑作用，可伸缩，调整菱形孔隙大小，蒙古包顶部的主要组成部分，连接哈那与天窗，起结构支撑作用 | |
| | 松木、桦木或红柳木 | 木工 |  | 乌尼 | | |
| | | | | 门：毡子门帘或木质门 | 一般朝东南向，蒙古包的出入口 | |

| 要素 | 材料 | 工艺 | 蒙古包构件图示 | 构件名称 | 功能 / 作用 / 象征意义 |
|---|---|---|---|---|---|
| 轻质围合表膜 | 羊毛 | 压制、拉毡工艺 | | 毡子 | 经过裁剪工艺形成顶毡、围毡、盖毡、门帘、地毯，起保温耐候作用 |
| | 动物皮 | 编织、裁剪工艺 | | 皮绳 | 绑扎蒙古包，起编织作用，如编织哈那的皮钉 |
| | 骆驼毛 | 编织工艺 | | 毛绳 | 用作围绳、压绳、捆绳、坠绳，起固定蒙古包的作用，对蒙古包的耐久性起重要作用 |

由于游牧民族生产生活方式的特殊性导致了其住居形式的简易性与易于拆卸安装的特性，故形成了建筑四要素在蒙古包内部呈现出原始动机、象征意义与使用需求并存的状态，例如用于支撑的"构架 / 屋面"在满足遮蔽动机与象征意义的同时，还具备储物与计时的物质功能。而对于上述"要素"在转译过程中的再现才是森佩尔材料转化理论的基础——"即虽然具体的建造材料改变了，但早先材料的形式特征和象征意义仍旧在新的材料中得到体现。"

此外，蒙古包历经千年发展一直传承至今，其所传达的耐久性不再与坚固相关，甚至完全相反。其传达的"永恒不再如人们通常认为的那样基于材料，而是基于一次又一次的重复。工匠是历史的要素。注意力不再聚集在个别对象上，而是指向制作行为和构造原则，时间的信息不再镌刻在石头上，而是通过反复的重复建造生成"[83]。

### 6.2.3　蒙古包构造逻辑转译

正如爱德华·塞克勒说的："建造方式正处于不断发展和更新的过程中，它们只有通过自我调整和变化才能保持活力，而模仿最容易破坏传统"。"历史的真实性正在被洗劫，唯有持续的更新和适应新需求的变化才能更好地保持生命力。"[82]因此，蒙古包建构转译尝试将以牧民的舒适性需求与精神需求为依据，遵循森佩尔的材料置换原则对蒙古包传统建构四要素依次进行现代转译，实现传统蒙古包的材料置换——构件转变——结构传承——建造技艺转换，以及对形式特征与象征意义的再现，从而完成对传统蒙古包建构的逻辑化转译。

| | 传统蒙古包 | 转译蒙古包 | |
|---|---|---|---|
| 蒙古包 | | | |
| 平面 | | | |
| 哈那 | | | |
| 乌尼 | | | |
| 套瑙 | | | |
| 围毡 | | | |
| 顶棚 | | | |
| 顶毡 | | | |
| 门<br>（门帘） | | | |

## （1）"基座"转译

传统蒙古包迁徙于各地，基于其原始的抬升动机而形成的对地基的处理方式主要表现为以草木灰基坑、木地板或地炕上铺地毡，以及底层架空的车帐形式两种方式。以此来应对室内返潮、保温等，展现了蒙古族保护生态环境的自然观，但耐候性有一定的缺陷。

传统蒙古包地基转译 表6-3

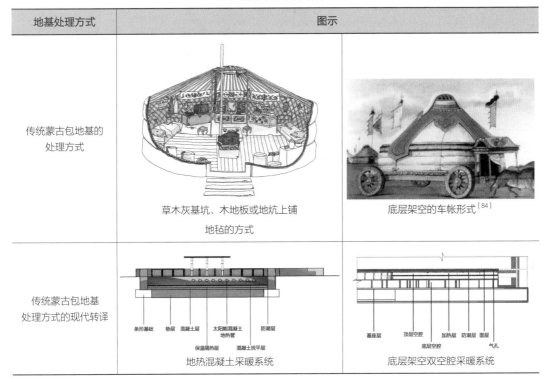

| 地基处理方式 | 图示 | |
| --- | --- | --- |
| 传统蒙古包地基的处理方式 | 草木灰基坑、木地板或地炕上铺地毡的方式 | 底层架空的车帐形式[84] |
| 传统蒙古包地基处理方式的现代转译 | 地热混凝土采暖系统 | 底层架空双空腔采暖系统 |

建构的转译实践考虑到由原始抬升动机逐渐转变为对于现代生活的舒适性需求，以及对于建筑防潮、保温、采暖的耐候性需求，故将"基座"用以防潮保温的功能转译与"火炉"用以采暖的物质功能转译相结合，形成室内环境调控系统。设计实践宜尝试以太阳能地热混凝土系统采暖及太阳能系统采暖为主、"特朗勃墙"空气热循环系统为辅的采暖方式，结合门斗的气候缓冲作用以及墙体保温耐候层的转换，来增强室内环境的舒适度，以期改变牧区以焚烧煤与干牛羊粪来采暖的生活现状，同时增强建筑的耐候性。此外，转译实践需在施工场地先期建造地基，以便于后续各个构件的快速搭建。

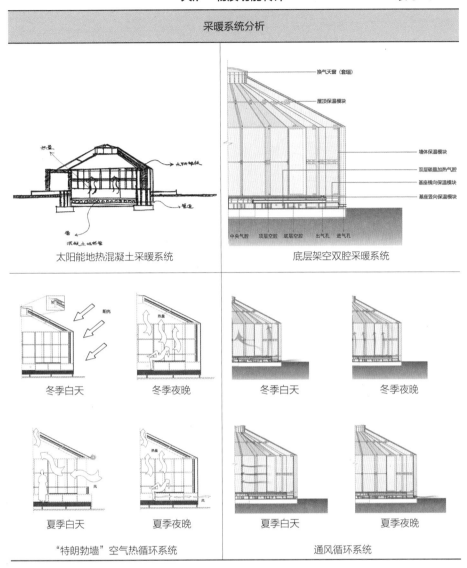

采暖系统分析

太阳能地热混凝土采暖系统

底层架空双腔采暖系统

换气天窗(套瑙)

屋顶保温模块

墙体保温模块
双层碳晶加热气腔
基座横向保温模块
基座竖向保温模块

中央气腔　顶层空腔　底层空腔　出气孔　进气孔

冬季白天　　　冬季夜晚　　　　　冬季白天　　　冬季夜晚

夏季白天　　　夏季夜晚　　　　　夏季白天　　　夏季夜晚

"特朗勃墙"空气热循环系统　　　　通风循环系统

## （2）"火炉"转译

传统蒙古包中"火炉"最初为取暖、煮食等物质功能为主，而在后续的发展中逐渐衍生出了传统蒙古包内中心汇聚的功能，并围绕其产生了一系列的空间秩序与民俗禁忌。因此在现代过渡过程中，蒙古包建构转译实践探索将实体"火炉"进行消隐，转换为室内中心空间的高差变化，如表6-5所展现的室内"仪式化空间"的剖面，以此来突出中心空间的"神圣性"，将传统蒙古包中心汇聚的象征意义在转译过程中进行再现。

表 6-5 蒙古包内部仪式化空间剖面表

| 中厅与周围标高关系 | 中厅与周围分界关系 | | |
| --- | --- | --- | --- |
| | 中厅水平式 | 中厅下沉式 | 中厅抬高式 |
| 室内开敞中厅式 | | | |
| 室内封闭中厅式 | | | |
| 室内半开敞中厅式 | | | |
| 室外开敞式中厅式 | | | |
| 室内连廊中厅式 | | | |

### （3）"构架/屋面"转译

传统蒙古包经由千年的发展，形成由轻质和线性木材构件组合成哈那、乌尼、门框等支撑构件，通过皮钉或毛绳的"编织"，围合形成"穹隆"空间体的框架结构，其结构荷载由套瑙—乌尼—哈那，最后传到地面。由于游牧民族的生产生活方式而决定的建筑形式逐渐衍生出了游牧民族尊重自然、敬畏自然的民族精神，同时为延续传统蒙古包木工的制作方式而选择将原始杆系木结构支撑体系转换为现代装配式板片轻质木结构体系，其中包括由套瑙转换而成的复合木结构圈梁模块；由乌尼转换而成的复合木结构坡屋顶龙骨模块；由哈那转换而成的墙体复合木结构格网构件。

在象征意义上，传统蒙古包所围合形成的"穹隆"也逐渐由原始的遮蔽动机转变为"微缩宇宙"的象征，自古游牧民族就有"天似穹庐"的比喻，由此可见在其精神世界之中将其生活的居所"穹庐"与其所信仰的"神"联系在一起，而由"构架/屋面"所围合而成的圆形内部空间与中心的火炉则共同加强了其中心汇聚的象征意义，故而在转译实践过程中将继承传统蒙古包"穹隆"的空间特点和构件连接所展现的中心汇聚作用，进而使得传统的象征意义在新的建筑空间中得以再现。

正如森佩尔的"材料置换论"（Stoffwechsel Theorie）中指出的："人类文化的发展时常会出现材料的置换，即为了保持传统的价值符号，一种材料方式的建筑属性出现在另一种材料方式的表现中"[85]。对于蒙古包结构体系的转译，通过"材料置换"的手段，再现传统蒙古包的结构逻辑特征。均质化的格网墙体延续传统蒙古包哈那的储藏功能，增加了通风采光内涵；屋顶斜向构件汇聚一处，以新形式表达传统蒙古包住居汇聚的精神特质。同时实现了结构构件受力特点的清晰可读，保留了传统蒙古包的空间形态。而上述以预制木构件与毛毡模仿替换传统蒙古包材料的做法，使得蒙古包建造的本质内涵与精神得以保存和延续。

**传统蒙古包哈那墙储物功能转译**　　　　表6-6

| 哈那墙储物功能 | 转译蒙古包哈那墙储物功能 | | | |
| --- | --- | --- | --- | --- |
|  | | | | |

### （4）"轻质围合表膜"转译

"轻质围合表膜"意指建筑除支撑结构外起围护作用的结构，人们运用编织工艺制作织物，作为原始茅屋的围合，表现了其最初的围合动机。传统蒙古包的维护体系由毛皮绳绑扎多层毛毡和苫布围合而成，其中毡子（顶毡、围毡、盖毡）起保温作用，苫布则作为防水膜起防水作用，毛毡与苫布围合出了传统蒙古包的内部空间，而哈那部位的毛毡、苫布根据需要可以"起毡"或"加毡"，形成传统蒙古包室外公共生活空间。

除此之外正如森佩尔对"围合"这一动机的深入探讨一样，传统蒙古包毛毡与苫布的围合动机也向材料的"面饰"功能逐渐转化，其除了实现以墙的方式进行空间围合之外，还表现出了其作为表面装饰所传递的艺术形式，即传统蒙古包其毛毡的原始色彩在游牧民族眼中被视为纯洁的象征，而苫布所具有的特殊气味与触感也同样带给游牧民族情感上的归属。

在蒙古包建构转译尝试中，由于建筑构架由传统杆件转为现代板片，进而引发保温防水等围护构件产生变化。因此以现代复合保温材料——SIP板材模块代替传统围毡和顶毡，起保温耐候作用，并以传统毛毡饰面，在满足其现代生活舒适需求的前提下使得传统的形式得以再现；盖毡转换为屋顶玻璃天窗，起通风采光作用；传统蒙古包防水膜——苫布转换为阳光板模块，一方面作为防水和空气循环系统的表膜，另一方面将延续传统蒙古包"起毡"的特性，墙体部分的阳光板防水模块根据需要可以开启，形成开放性室外公共空间，为现代潜在的公共生活提供多种可能。

| 单层蒙古包转译 | 双层华盖式蒙古包转译 |
|---|---|
| <br>传统蒙古包"起毡"特性 | 华盖式蒙古包形成外廊空间 |
| 阳光板防水模块开启剖面关系示意图 | 转译华盖式蒙古包 |

　　而在"轻质围合表膜"使用功能的转译上借鉴了传统华盖式蒙古包的建构逻辑，华盖式蒙古包是清中晚期曾被普遍使用的一种蒙古包类型。其基本特征为在一顶蒙古包上方支起伞状华盖，华盖中心点由从蒙古包天窗中心伸出的木柱支撑，且华盖外围也由一圈木柱支撑，并附以绳索拉结，华盖的外边缘形成环绕蒙古包墙壁的外廊空间[83]。将华盖式蒙古包的伞状华盖（轻质围合表膜）转译为八边形蒙古包外层加毡包体系，形成双层流包的耐候层，在增加夏冬两季转译蒙古包耐候性的同时，创造了丰富的外部空间。

　　据1870年英国传教士韦廉臣（Alexander Williamson）所著的《中国北方游记》中对华盖式蒙古包的图文记载，可看出传统华盖式蒙古包其外廊空间与蒙古包内部空间具有多种使用功能。由此将华盖式蒙古包的传统特性与现代需求相结合，可根据使用者的需求赋予外廊不同的功能属性与空间性格。

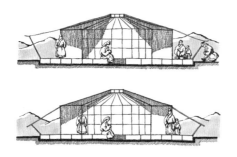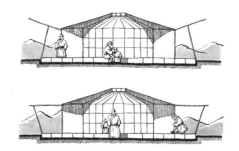

图6-4　华盖式蒙古包转译夏季剖面场景图

## 6.2.4 蒙古包构造的适地性转译

　　毡帐类建筑从棚屋穴居、棚屋到毡帐演化至今的过程中，依据地形环境、社会时代不断做出自适应的调整，以此来满足与其对应的自然环境及使用者的文化需求，而在其演化过程中许多类型都展现出了不同的价值。因此通过对这些类型的提取并对其转译，来探索蒙古包现代建构转译在不同地域所可能出现的多种范畴。

传统蒙古包演变过程类型转译　　　　　　　　　　　表6-8

| 名称 | 原始类型 | 类型提取 | 建构转译 |
| --- | --- | --- | --- |
| 额入客 | | | |
| 恰帕帕尔 | | | |
| 包貂 | | | |
| 卡尔梅克 | | | |
| 颈式毡包 | | | |
| 华盖式蒙古包 | | | |

例如沙漠地区的覆土建筑，其原型提取于蒙古包传统形式中覆土式的额入客的向心环状组织结构，它是牧民社区中心反复出现、经久不衰的原型，成为牧民的"集体无意识"。"圆心"是人们对于宇宙认知的普遍经验意识，"天圆地方"的朴素认知深植于人们的意识形态中，并形成了特定的空间组织范式——世俗空间、过渡空间、神性空间。这也进一步证明上述基于蒙古包原型的转译结果，对于保留中央神性空间而衍生出的平面转译图示也正是同源范例共通的精神内涵表达方式。

### （1）半球形覆土式蒙古包方案解析

半球形覆土式蒙古包嵌入地形之中，适用于山丘起伏、地势不平坦的地形，同时使得地基更加稳固。采用圆形形态有利于减小风的阻力，同时其一般强度也要比普通建筑物小很多。另外，圆形建筑物在传热学上讲，更能节省能源。

半球形覆土式蒙古包与地形有室内外、抬升下降等空间关系，与地形之间形成了多样的丰富的空间形式。

图6-5　半球形覆土式蒙古包模型

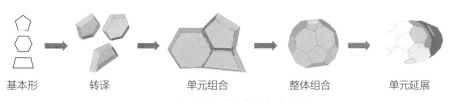

基本形　　　　转译　　　　　单元组合　　　　整体组合　　　　单元延展

图6-6　半球形覆土式蒙古包生成过程

**半球形覆土式蒙古包与地面多种关系**　　　　　　　　表6-9

| 类型图 | | | |
| --- | --- | --- | --- |
| 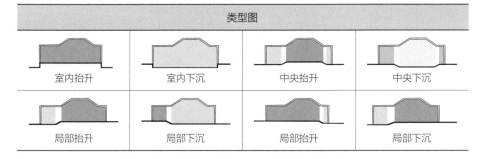 | | | |
| 室内抬升 | 室内下沉 | 中央抬升 | 中央下沉 |
| 局部抬升 | 局部下沉 | 局部抬升 | 局部下沉 |

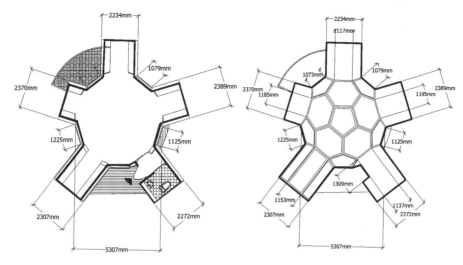

图 6-7　平面图

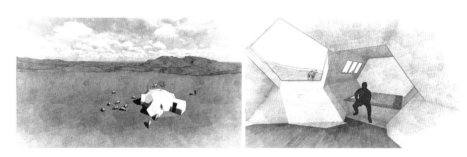

图 6-8　效果图

## （2）半穴居式蒙古包方案解析

传统蒙古包经历几千年历史文化积淀形成了成熟的蒙古包体系。额入客和格构式壁架棚屋分别作为半穴居和棚屋体系中的典型代表，在蒙古包演变历程中具有特别的意义。该方案选取这两种蒙古包原型通过空间形态、建构方式的解读，结合蒙古包的仪式性空间内涵进行功能布局，完成传统蒙古包转译。

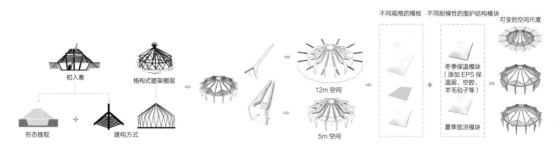

图 6-9　穴居式蒙古包生成过程

基于蒙古包易于搭建和迁移的特点，采用现代穿插式的连接方式形成装配式、可自主搭建的结构体系，并依据拆卸、加建形成空间尺度可变的功能适用性蒙古包，直径 8m 的蒙古包作为基础形体可通过切换模板、改变构件形式转变为直径 5m 的小尺度蒙古包、直径 12m 的适用于公共建筑和聚集性活动的半开敞式蒙古包。

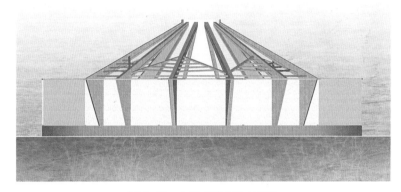

图 6-10　穴居式蒙古包立面图

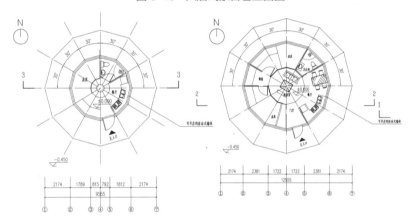

图 6-11　穴居式蒙古包平面图

该方案传承了"额入客"蒙古包体系穴居式的地形结合的方式，立足于现代蒙古包转译的蒙古包建构类型，相较于毡帐类蒙古包，拓展了与地形结合的适宜性。在功能性、空间尺度上可满足牧民和旅游区使用需求的多样化。选取木材作为主体材料，围护结构选取适应不同季节、气候、使用需求、开敞度的模板，为使用者提供更适宜的物理环境和多样的空间形式。采用水循环供暖系统为蒙古包提供稳定热源，另一方面采用智能可开启天窗增加通风效果和采光性。希望通过本建造方案为蒙古包及蒙古族文化的传承和转译提供一种探索性的尝试，为蒙古族人提供新的蒙古包住居形式。

## 6.3 蒙古包建造逻辑转译

### 6.3.1 传统蒙古包建造逻辑解析

蒙古游牧民族"逐水草而居"生活于广阔的草原之上，其经历千百年的发展孕育出独特的游牧文化，明显区别于其他的文化，而产生适于生产生活需要的特定建筑类型——蒙古包，其本身蕴含着独特的深厚的地域文化与传统技艺。

对于游牧来说需要根据季节气候的不同进行迁徙，而建蒙古包同样也一定要选址，其四季会有不同的营盘，即驻牧地，其不仅是为了适应周围的自然环境，还需要考虑生产生活的需要。冬营盘选择草木稠密地，防止积雪，四面环山或北面环山，视野开阔，是比较理想的放牧地点；春营盘为短暂过渡，阳光充足即可；夏营盘植物茂密，视野开阔，地势偏高，凉爽，防蚊虫、雨水冲刷；秋营盘草木茂盛，选择地势较低的盆地，背山防风，有利于畜群取食。

蒙古包作为游牧时期的建筑类型，其为适应游牧生产、生活需求和本地域的自然气候特点而演化成特定的建筑形态，而蒙古包最大的特征为其可拆卸、易重组的装配式建筑，随游牧生活可迁徙于各地。

### 6.3.2 板式蒙古包建造逻辑转译

北方游牧民族逐水草而居，常年迁徙于蒙古高原之上，从而演化出了制作简单，搭建、拆卸、运输便捷的毡包类建筑，如《绥蒙辑要》中记载："因转徙频仍，惯于结构，其动作亦机敏，能于瞬时间成之。"[61]蒙古包作为现存毡包类建筑的类型之一，传承了其便于装配的传统特性。而现代装配式技术其原理与蒙古包的传统建造特性相契合。

图 6-12　传统蒙古包建造逻辑

图 6-13　二十四边装配式蒙古包建造逻辑

在建构转译尝试中，延续传统蒙古包的结构特点和建造特点，将保温耐候层与结构构件进行分离，对结构受力构件进行直接表达，并有目的地去延续传统蒙古包呈现的形式特点，强化建筑的结构逻辑和建造逻辑，真实地表达材料，体现其几何学上的线性特征，使其不再隐藏和掩饰，以求达到建筑的内外统一，实现蒙古包传统建构的逻辑化转译。

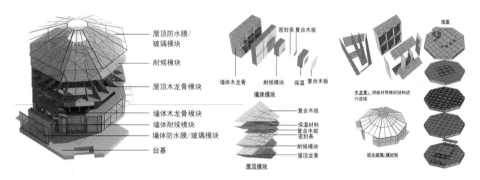

图6-14　八边形蒙古包拆分图

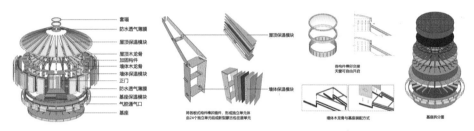

图6-15　二十四边形转译蒙古包拆分图

传统蒙古包在建造过程中，各构件的连接方式以插接和捆接为主，故在转译过程中除了将杆件转译为板片以外，还将杆件插接转译为板片榫卯插接，将捆接所使用的牛皮筋转译为以铰接为连接方式的连接构件以增加其稳定性。

（a）将乌尼尖插入套瑙外圈，并以捆接的
　　　方式与哈那组装

（b）哈那片之间以捆接的方式连接

图6-16　蒙古包构件连接方式转译

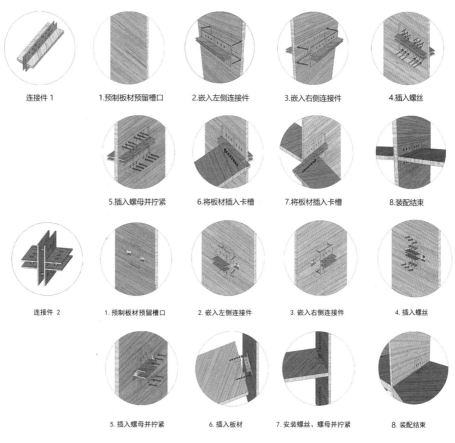

连接件 1　　1.预制板材预留槽口　　2.嵌入左侧连接件　　3.嵌入右侧连接件　　4.插入螺丝

5.插入螺母并拧紧　　6.将板材插入卡槽　　7.将板材插入卡槽　　8.装配结束

连接件 2　　1.预制板材预留槽口　　2.嵌入左侧连接件　　3.嵌入右侧连接件　　4.插入螺丝

5.插入螺母并拧紧　　6.插入板材　　7.安装螺丝、螺母并拧紧　　8.装配结束

图 6-17　加固连接件装配方式

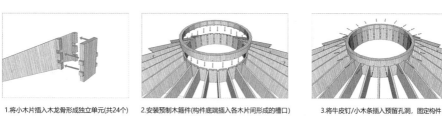

1.将小木片插入木龙骨形成独立单元(共24个)　　2.安装预制木箍件(构件底端插入各木片间形成的槽口)　　3.将牛皮钉/小木条插入预留孔洞，固定构件

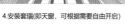

4.安装套瑙(即天窗，可根据需要自由开启)　　5.装配结束

图 6-18　套瑙装配方式

# 附录 1

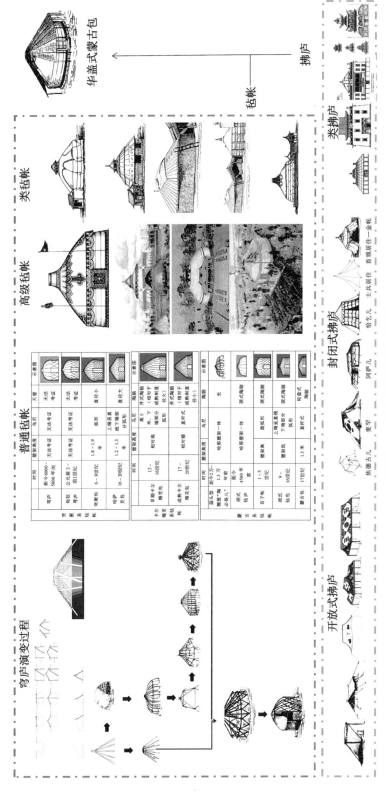

附图 1-1　单体传统蒙古族建筑谱系

# 附录2

开放编码（样表）

| 访谈资料 | 贴标签 | 概念化 | 范畴化 |
|---|---|---|---|
| 问：是你自己设计那个木头蒙古包的是吧？下面那块（基座）是水泥的吗？<br>71岁爷爷：是的。<br>问：你的这个蒙古包能卸下来吗？<br>71岁爷爷：是想卸下来呢，但是……现在是木头的，所以建成之后是不能卸的。<br>问：套瑙部分做成两个（对半）容易卸吗？套瑙是两分的，不是一起的吗？<br>71岁爷爷：这是两半，就好卸了。<br>问：哈那是什么样的？<br>71岁爷爷：哈那有6个的，4个的，8个的。<br>问：哈那底边是怎么做的？底边这一圈，就是哈那的地面是怎么做的？<br>71岁爷爷：没有地面。噢……是木头板凳。以前是用木头做板凳的，一直到门边上，是两个短的。这边一块就是炕了，都是用木头做。<br>问：就是说是按照春、夏、秋、冬四个季节来的吗？<br>71岁爷爷：是。<br>问：为什么换得那么勤快？<br>孙女（译）：因为草场不好就换了（地方）<br>…… | 001 下面那块（基座）是水泥的吗？<br>002 你的这个蒙古包能卸下来吗？<br>003 套瑙部分做成两个（对半）容易卸。<br>004 套瑙是两分的，不是一起的。<br>005 哈那有6个的，4个的，8个的。<br>006 没有地面。<br>007 以前是用木头做板凳的，一直到门边上，是两个短的。<br>008 这边一块就是炕了，都是用木头做。<br>009 就是说是按照春、夏、秋、冬四个季节来的。<br>010 因为草场不好就换了（地方）。<br>0011 现在不让了……原先随便。<br>0012 6个哈那。<br>0013 1.4米。<br>0014 哈那一般就这么高，但是乌尼比（现在铁质的）这个长。<br>0015 4个哈那的蒙古包和6个的乌尼的不一样。<br>…… | 01 蒙古包的基座<br>02 蒙古包是否能拆卸。<br>03 套瑙部分做成两个（对半），容易拆卸。<br>04 哈那有6个的，4个的，8个的。一般的是6个哈那。<br>05 传统的蒙古包没有地面。<br>06 是用木头做板凳的（床），长度是一直到门的边上。<br>07 游牧是按照春、夏、秋、冬四个季节来的。<br>08 草场不好就换地方游牧。<br>09 现在依据国家政策划分了草场，不能像以前一样自由放牧了。<br>010 哈那的高度一般是一样高的1.4米。<br>…… | 1 蒙古包的基座。<br>2 蒙古包能否拆卸。<br>3 蒙古包的各个构件有一定的比例。<br>4 游牧是按照春、夏、秋、冬四个季节来的。<br>5 国家政策导致游牧生活的改变。<br>6 传统蒙古包各个构件的做法。<br>7 过去的时候条件差，很难抵御严寒。<br>8 生活中大部分时间的活动是放牧和家务。<br>…… |

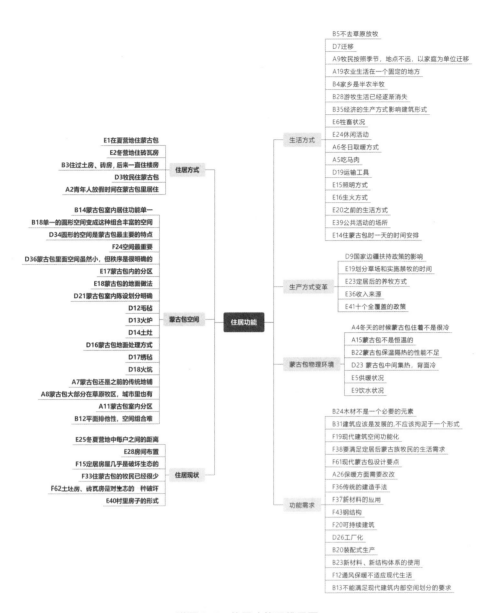

附图 2-1　住居功能思维导图

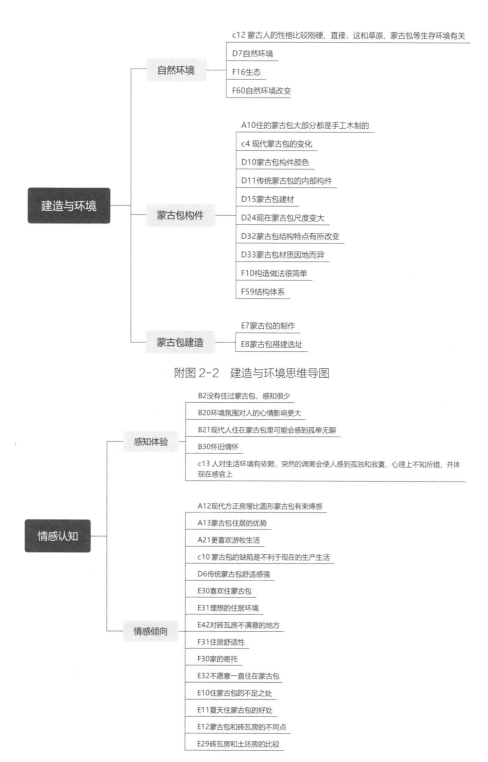

附图 2-2　建造与环境思维导图

附图 2-3　情感认知思维导图

附图 2-4　文化精神思维导图

# 附录3

| | 场所精神名词 | 附表 3-1 |
| :---: | :--- | :---: |
| 类型 | 论述 | 关键词 |
| 自然要素 | 海德格尔在他的《筑·居·思》中将大地描述为：效力承受着，开花结果者它伸展于岩石和水流之中，涌现为植物和动物。将天描述为：是日月运行，群星闪烁，四季轮转，是昼之光明和隐晦，是夜之暗沉和启明，是节气的温寒，是白云的飘忽和天穹的湛蓝深远 | 自然元素、自然场所 |
| 人工要素 | 聚落包含着从住宅到村庄以及城市，还有连接这些"聚落"的路径，以及转换自然成为"文化地景"的各种元素。[1]聚落与环境有机地组织在一起，环境中的各种要素聚集在聚落之中，产生场所本体 | 聚落、文化地景、定居、 |
| 空间 | 我们首先要强调人类在现实生活中从未处在一个均质化的抽象空间之中，而是包含各种要素，具有方向感的存在，海德格尔指出："空间是由区位吸收了它们的存在物而不是由空间获取的。"任何的包被（Enclosure）①都被边界所限定，而场所的边界可以更好地帮助我们认识到空间的扩展、方向与韵律 | 空间、特性、边界、 |
| 特性 | 是比空间更普遍而具体的一种概念。特性一方面暗示着一般的综合气氛（Comprehensive Atmosphere），另一方面是具体的造型，及空间界定元素的本质。任何真实的存在与特性都有密切的关联。我们可以将气氛理解为我们做不同的事情需要不同气氛的空间，比如我们需要教室，那必须是一个"严肃的"；我们需要一个舞厅那必须是一个"欢快的"；几乎所有的场所都具有特性，由场所的材料、造型、组织关系所决定 | 综合气氛、材料、造型、组织关系 |
| 地景 | 指场所中的自然现象。对于自然现象的综合描述，在自然现象之中，在地景的描述中，扩展性是任何地景都具有的品质，地景不同的扩展情形决定了其"空间"与"特性"的特质 | 自然现象、地景、扩展性 |
| 聚落 | 海德格尔认为外部与内部的关系是具体空间的主要观点，这暗示着空间在一定程度上是扩展与包被的关系，而"聚落"则是一个包被的实体，应为在聚落与地景的关系上，存在着一种图案与背景的关系 | 外部与内部的关系、聚落 |
| 场所精神 | 场所精神（Genius Loci）最初是罗马人的想法，罗马人相信任何事物都有其自己的灵魂（Genius）这种灵魂赐予人和场所生命以及自身的特性，并且会伴随其一生。我们可以用"定居"一词来总结人为场所 | 特性、灵魂、神性、人为场所、场所结构、场所精神 |

---

① 诺伯舒兹：《场所精神：迈向建筑现象》，华中科技大学出版社，2010：13. 扩展与包被（Extension and Enclosure），两者关系可理解为图案中的轮廓与肌理。

| 类型 | 论述 | 关键词 |
|---|---|---|
| 方向感 | 人在场所之中，最首要的就是得先知晓自己到底身在何处，具有辨别方向的能力，这样即使自己离开了自己的居所，也能顺利归来。其次就是人要在环境之中认同自己，也就是人要知道自己到底和场所是一个怎样的关系。当人能够在环境中辨识方向，并能与环境相互认同的时候就实现了"定居" | 方向感、认同自己、安全感 |
| 认同感 | "认同感"意味着一种对于环境的认同，同样也意味着一种环境对于人的认同，也就是人与环境处于一种有意义的联系之中，一方面对于草原上的牧民来说，草原不仅是家园，是出生、成长乃至最终长眠的地方，"认同感"不仅仅作为"归属感"的基础让牧民与场所为友，获得精神上的舒适性；更是草原文化诞生、演化并发展至今的载体 | 对于环境的认同、环境对于人的认同、和谐气氛 |
| 归属感 | 方向感与认同感虽然是一个整体的概念，但是同时它们在整体之中也具有一定程度的独立性，人们寻求的归属感需要从方向感与认同感的综合中获得。在过去的蒙古草原之上，生活中的所有事物都被关联在人们的思想认知与生活习俗之中，例如煮饭的时候切不可用锋利尖锐的炊具伸进锅中翻动食物，蒙古包的门要朝向太阳的方向，又或在蒙古包中男人一定要居于蒙古包的右侧，女人居于左侧；这些习俗与礼节不仅使得日常生活的点点滴滴都充满了意义，更是使得整个场所形成了更加复杂的空间结构 | 整体性、概念、独立性、方向感和认同感的综合 |
| 知觉基型 | 人与环境的关系的认知往往就是在人们小的时候所形成的，小孩子在沙、泥土、红色、黄色、乌云密布或万里无云的环境中成长，听到雨水打在瓦面的声音，体会或冷或热的感受，如此小孩子得以认识自然环境，也就培养了"知觉基型"。舒尔茨认为这种"知觉基型"包含了人类所共有的普遍性结构，以及由场所决定的结构和文化条件的结构 | 知觉基型、认同感的客体、普遍性结构 |

# 附录 4

重点外文文献目录

附表 4-1

| 名称 | 作者 | 来源 |
|---|---|---|
| *After-Lives of the Mongolian Yurt The 'Archaeology' of a Chinese Tourist Camp*（《蒙古包的后世，中国旅游营地的"考古学"》） | Christopher Evans, Caroline Humphrey | Journal of Material Culture，2002.07.01. |
| *The yurt: A mobile home of nomadic populations dwelling in the Mongolian steppe is still used both as a sun clock and a calendar*（《蒙古包：居住在蒙古草原上的游牧民族的移动房屋仍被用作太阳时钟和日历》） | B. Mauvieux, A. Reinberg, Y. Touitou | Chronobiology international |
| *A FRACTIONAL MODEL FOR HEAT TRANSFER IN MONGOLIAN YURT*（《蒙古包中传热的分数模型》） | Hong-Yan LIU, Zhi-Min LI, Frank K. KO | Thermal Science |
| *Notes on the Kazak yurt of West Mongolia*（《西蒙古哈萨克蒙古包注释》） | A. RÓNA-TAS | Acta Orientalia Academiae Scientiarum Hungaricae，1961 |
| *The Design of Moving Mongolia Yurt*（《移动蒙古包的设计》） | HY Jin, ZW Zhu | Advanced Materials Research，2011 |
| *Interpretation of Residential Type of Mongolian Herdsman in Inner Mongolia Grassland*（《内蒙古草原蒙古族牧民居住类型的解读》） | J. Bai | Applied Mechanics and Materials，2013 |
| *THE DESIGN OF MONGOLIAN YURTS (GÉR): GENESIS, TYPOLOGY, FRAME AND MODULAR TECHNOLOGIES AND THEIR TRANSFORMATIONS*（《蒙古包的设计：起源、类型学、框架和模块化技术及其转化》） | Nikiforov B.S., Baldorzhieva V.B., Nikiforov S.O., Markhadaev B.E. | SCIENCES OF EUROPE# 11（11），2017\| TECHNICAL SCIENCES |
| *Modern Architecture under Nomadic Ecological View*（《游牧生态观下的现代建筑》） | XH Jia | Applied Mechanics and Materials，2014 |
| *A Study on Spatial Composition and Elements of Ger Architecture in Mongolia*（《蒙古族建筑空间构成与要素研究》） | GC Chong | Journal of the Korean Institute of Rural Architecture，2014 |

| 名称 | 作者 | 来源 |
|---|---|---|
| *Extension of the Culture of the Mongol Yurt On the Distribution and Direction of the Inner Space of Mongolian Houses*（《蒙古族蒙古包文化的延伸对蒙古族民居的分布和内部空间的方向也有一定的影响》） | Hairihan | Journal of Asian Architecture and Building Engineering, 2002 |
| *Problems of the History of the Dwellings of the Steppe Nomads of Eurasia*（《欧亚大陆草原游牧民族居住史的问题》） | I. Vainshtein | Soviet Anthropology and Archeology, 1979 |
| *Abode of the soul of humans, animals and objects in Mongolian folk belief*（《蒙古族民间信仰中人、动物、物灵魂的居所》） | A. Sárközi | Acta Orientalia, 2008 |
| *Architecture for refugees, resilience shelter project: A case study using recycled skis*（《难民建筑，弹性住所项目：一个使用回收滑雪板的案例研究》） | Graziano Salvalaia, Marco Imperadoria, Federico Luminaa, Elisa Muttia, Ilaria Polesea | Procedia Engineering 180（2017）1110 - 1120 |
| *Brief Analysis on Energy Consumption and Indoor Environment of Inner Mongolia Grassland Dwellings*（《浅析内蒙古草原民居能耗及室内环境》） | G. Dong, J. Liu, L. Yang | Proceedings of the 8th International Symposium on Heating, Ventilation and Air Conditioning pp 297-303 |
| *Architecture Nomadic Architecture of Inner Asia*（《亚洲内陆游牧式建筑》） | F. Zámolyi | Encyclopaedia of the History of Science, Technology, and Medicine in Non-Western Cultures |
| *Low Energy, Low-Tech Building Design for the Extreme Cold of Antarctica*（《低能源、低技术的建筑设计为极端寒冷的南极洲》） | G. Cantuária, B. Marques, JP Silva, MC Guedes | Conference: PLEA 2017, At Edinburgh |
| *Mongolia residential architectural features and construction of eco-tourism development*（《蒙古族民居建筑特色与生态旅游建设的发展》） | XR Mao, RB Hu, L. Li | Advanced Materials Research, 2012 |
| *Study on the Ecological Experience of Inner Mongolia Grassland Traditional Herdsmen Settlement Construction*（《内蒙古草原传统牧民聚落建设的生态体验研究》） | M. Ma, J. Kong | Advanced Materials Research, 2011 |

| 名称 | 作者 | 来源 |
|---|---|---|
| *Numerical Analyses of Different Heating Techniques for a Mongolian Ger by the Lattice Boltzmann Method*<br>（《采用格玻尔兹曼方法对蒙古包不同加热工艺进行了数值分析》） | Badarch Ayurzana | The 13th International Forum on Strategic Technology（IFOST 2018） |
| *A semiotic analysis of the yurt, clothing, and food eating habits in Kazakh traditional cultures*<br>（《哈萨克传统文化中蒙古包、服饰、饮食习惯的符号学分析》） | N. Aljanova, KB Shamshiya Rysbekova | Al Farabi Kazakh National University |
| *The Traditional Steppe Herders of Inner Mongolia Settlements Residential Building Pattern Language*<br>（《内蒙古传统草原牧民聚居的住宅建筑格局语言》） | Ma Ming，Li Yong，Kong Jing，Wang Juan，Zhang Min，Wang Wenming，Su Hao，Qiu Li，Kang Jing，Chen Wen | Applied Mechanics and Materials Vols 368-370（2013）pp 134-137 |
| 《ゲルの方位についての研究：古代四ハナゲルにおける方位システムの解析 | 海日汗 | 早稲田大学 doctoral thesis.2004<br>桃山学院大学人間科学 |
| 《モンゴル人のゲルの構造（並川宏彦教授退任記念号）》 | 井本英一 | HUMAN SCIENCES REVIEW, St Andrew's University. 2003（24%@09170227%U http：//id.nii.ac.jp/0200/00005618%8 2003-01-30）：97- 121 |
| 《モンゴルゲルにおける空間認知の予備実験——モンゴルの住空間の変遷と空間評価に関する研究（その1）》 | 趙百秋，孫秉勲，鈴木弘樹 | 日本建築学会大会学術講演梗概集（九州）. 2016 |
| 《円形と方形空間の空間認知の分析——モンゴル遊牧地域における住空間の変遷と空間認知に関する研究その2》 | 趙百秋，鈴木弘樹 | 日本建築学会大会学術講演梗概集（中国）. 2017 |
| モンゴル人の空間認識とその利用：異文化理解の一要素として》 | 川田敏章 | 愛知淑徳大学論集ビジネス学部・ビジネス研究科篇 . 2011（7%@ 1349-7626%U http：//id.nii.ac.jp/0192/00000272%8 2011-03-10）：47- 60 |
| 《モンゴル族住居の空間構成概念に関する研究：内モンゴル東北地域モンゴル族土造家屋を事例として》 | 海日汗 | 日本建築学会計画系論文集 . 2004，69（579） |

| 名称 | 作者 | 来源 |
|------|------|------|
| 《円形と方形空間の空間認知の分析——モンゴル遊牧地域における住空間の変遷と空間認知に関する研究その3》 | 王玉珏，鈴木弘樹，趙百秋 | 日本建築学会大会学術講演梗概集（中国）.2017 |
| 《円形平面と方形平面の住宅性能に関する分析——モンゴル遊牧地域における住空間の変遷と空間認知に関する研究その4》 | 朱蔚，鈴木弘樹，趙百秋 | 日本建築学会大会学術講演梗概集（中国）.2017 |
| 《モンゴルの遊牧生活において培われた時間概念ー中国・内モンゴル・シリンゴル盟チャハル地域の生活文化を事例として（1）》 | 吉日木図，植田憲. | デザイン学研究.2018；65（2）：2_1-2_10 |
| 《モンゴルの遊牧生活にみられる時間の意匠ー中国・内モンゴル・シリンゴル盟チャハル地域の生活文化を事例として（2）》 | 吉日木図，植田憲. | デザイン学研究.2018；65（2）：2_11-2_20 |
| 《School of Desire モンゴル国立大学の保存_再生》 | 渡邉研司，GANBAYAR tselmen | 日本建築学会大会建築デザイン発表梗概集（中国）.2017.08 |
| 《モンゴル_ゲルのモダンな変身》 | 前川愛 | 建築杂誌 Journal of Architecture and Building Science.2007；122（1561） |
| 《内モンゴル沙漠地域における牧畜民の住居に関する研究——アラシャを事例として》 | 阿栄照楽，中山徹，野村理恵 | 平成23年度日本建築学会近畿支部研究発表会.2011 |
| 《内モンゴルアラシャ盟におけるゲルに関する研究》 | 阿栄照楽，中山徹，野村理恵 | 日本建築学会大会学術講演梗概集（北海道）.2013 |
| 《内モンゴル砂漠地域における移動式住居に関する研究》 | 阿栄照楽，中山徹，野村理恵，鳳英 | 平成25年度日本建築学会近畿支部研究発表会.2013 東京工芸大学工学部紀要 |
| 《モンゴル国ウランバートル市「ゲル地区」における定住型住居及び住まい方の実態》 | 八尾廣 | The Academic Reports, the Faculty of Engineering, Tokyo Polytechnic University.2016；39（1%@03876055）：22-36 |
| 《中国内モンゴル自治区東ウジュムチンにおけるゲルの調査》 | 中山徹，武藤康弘，山本直彦，呼日勒沙，巴根那 | 住宅総合研究財団研究論文集.2010；36：59-69 |
| 《中国_内モンゴル自治区草原地域におけるモンゴル民族の生活様態と居住空間の変化——シリンゴル盟の移民村・都市近郊における遊牧民の事例調査から》 | 黒崎未侑，今井範子，中山徹，長坂大，野村理恵，増井正哉. et al | 日本建築学会大会学術講演梗概集（九州）.2007 |

# 参考文献

［1］许全胜. 黑鞑事略校注［M］. 兰州：兰州大学出版社，2014.

［2］胡惠琴. 世界住居与居住文化［M］. 北京：中国建筑工业出版社，2008.

［3］VAINSHTEIN.Problems of the History of the Dwellings of the Steppe Nomads of Eurasia［J］. Soviet Anthropology and Archeology, 1979.

［4］李延寿. 北史［M］. 上海：中华书局，1974.

［5］李延寿. 南史［M］. 上海：中华书局，1975.

［6］程大昌. 演繁露［M］. 上海：中华书局，2019.

［7］欧阳修，宋祁. 新唐书［M］. 上海：中华书局，1975.

［8］桓宽. 盐铁论［M］. 北京：华夏出版社，2000.

［9］李昉. 太平广记［M］. 上海：中华书局，2013.

［10］张彤. 蒙古包物质文化研究［D］. 呼和浩特：内蒙古工业大学，2008：54-61.

［11］阿拉腾敖德. 蒙古族建筑的谱系学与类型学研究［D］. 北京：清华大学，2013：1-6.

［12］多桑. 多桑蒙古史［M］. 上海：上海书店，2006.

［13］柏朗嘉宾蒙古行记·鲁布鲁克东行记［M］. 耿昇，何高济，译. 北京：中华书局，2013.

［14］金光，高晓霞，郑宏奎. 传统蒙古包木结构研究——传统蒙古包木构件及拆装特征研究［J］. 内蒙古农业大学学报（自然科学版），2010.03.15.

［15］达妮莎. 蒙古族习俗禁忌与民间手工艺［J］. 美术大观，2009，10.

［16］杜倩. 蒙古包的建筑形态及其低技术生态概念探析［J］. 山西建筑，2008，1009-6825：54-55.

［17］杜倩. 蒙古包的建筑形态及其低技术生态概念探析［J］. 山西建筑，2008，02.

［18］黄鹭红，龙恩深，周波. 蒙古包与牛毛帐篷受力结构的对比分析［J］. 四川建

筑科学研究，2011，02.

　　［19］仲崇磊，牛建刚. 竖向荷载作用下传统蒙古包结构有限元建模与受力分析［J］.
干旱区资源与环境，2017，07.

　　［20］关晓武，李迪. 正蓝旗蒙古包厂的蒙古包制作工艺调查［J］. 广西民族大学学
报（自然科学版），2009，07.

　　［21］乌云. 蒙古民族的木制工艺及其文化内涵［J］. 内蒙古民族大学学报，2008，11.

　　［22］井本英一. モンゴル人のゲルの構造（並川宏彦教授退任記念号）［M/OL］. 桃山
学院大学人間科学 = HUMAN SCIENCES REVIEW, St Andrew's University. 2003（24%@
09170227%U http：//id.nii.ac.jp/0200/00005618%8 2003-01-30）：97- 121.

　　［23］李惠泽，高晓霞. 蒙古包传统绳结制作工艺研究［J］. 艺术科技，2017，04.

　　［24］Christopher E, Caroline H.After-Lives of the Mongolian Yurt The 'Archaeology' of
a Chinese Tourist Camp［J］.Journal of Material Culture，2002，07.

　　［25］N Aljanova K B Shamshiya Rysbekova.A semiotic analysis of the yurt, clothing, and
food eating habits in Kazakh traditional cultures［J］.Al Farabi Kazakh National University.

　　［26］张瑞东. 关于蒙古包建筑的空间文化解读［J］. 民族论坛，2012，06.

　　［27］满珂. 蒙古包：神圣、世俗与科学的混合空间［J］. 中南民族大学学报（人文
社会科学版），2003，08.

　　［28］金玉荣，天峰. 蒙古包的结构和空间文化的内涵［J］. 西部蒙古论坛，2011，02.

　　［29］呼和满达. 游牧空间观对现代建筑的启示［J］. 建筑与文化，2016，10.

　　［30］高学勤，高晓霞. 传统蒙古包的建筑元素及其民俗背景分析［J］. 内蒙古农业
大学学报（社会科学版），2010，06.

　　［31］李志伟. 论自然地理环境对蒙古族民俗的影响［J］. 群文天地，2011，12.

　　［32］白萨茹拉. 近代内蒙古东部地区蒙古人居住和饮食习俗的变迁［D］. 呼和浩
特：内蒙古大学，2004：1-28.

　　［33］金光. 传统蒙古包装饰研究［D］. 呼和浩特：内蒙古农业大学，2010：78-79.

　　［34］韩佳. 蒙古包建筑装饰艺术在现代建筑设计中的应用研究［D］. 北京：北京
林业大学，2012：48.

　　［35］Benoit M, Alain R, Yvan T. The yurt：A mobile home of nomadic populations
dwelling in the Mongolian steppe is still used both as a sun clock and a calendar［J］.
Chronobiology international，2014，31（2）：151-156.

　　［36］吉日木图，植田憲. モンゴルの遊牧生活において培われた時間概念―中
国・内モンゴル・シリンゴル盟チャハル地域の生活文化を事例として（1）［J］.デザイ
ン学研究. 2018.

［37］海日汗.ゲルの方位についての研究：古代四ハナゲルにおける方位システムの解析［M］.早稲田大学 doctoral thesis, 2004.

［38］前川愛.モンゴル＿ゲルのモダンな変身［J］.建築雑誌 Journal of Architecture and Building Science, 2007, 122（1561）.

［39］海日汗.モンゴル族住居の空間構成概念に関する研究：内モンゴル東北地域モンゴル族土造家屋を事例として［C］.日本建築学会計画系論文集.2004, 69（579）：179－86.

［40］Hairihan. Extension of the Culture of the Mongol Yurt On the Distribution and Direction of the Inner Space of Mongolian Houses［J］.Journal of Asian Architecture and Building Engineering, 2002.

［41］朱蔚，鈴木弘樹，趙百秋.円形平面と方形平面の住宅性能に関する分析——モンゴル遊牧地域における住空間の変遷と空間認知に関する研究その4［C］.日本建築学会大会学術講演梗概集（中国），2017.

［42］李贺，胡惠琴，本间博文.内蒙古呼伦贝尔草原蒙古族牧民住居空间形态现状研究［J］.建筑学报，2009（s2）.

［43］白洁，荣丽华，韩盛华.游牧时代内蒙古呼伦贝尔草原地区蒙古族牧民居住生活研究［J］.建筑学报，2016（S1）：113－116.

［44］白洁，胡惠琴 本间博文（日）.内蒙古呼伦贝尔草原地区不同生产经营模式下居住环境的研究［J］.建筑学报，2010.04.15.

［45］马明.新时期内蒙古草原牧民居住空间环境建设模式研究［D］.西安：西安建筑科技大学，2013.

［46］集成汇，老外设计的蒙古包［OL］.http：//www.jIcheNghui.com/hal/2014-09-02/1088.html.2014.09.02.

［47］Ana Lisa. Chinoiserie：A Breezy Pop－Up Shelter Inspired by Mongolian Yurts［OL］.inhabitat.https：//inhabitat.com/chinoiserie-a-breezy-pop-up-shelter-inspired-by-mongolian-yurts/.2013.1.

［48］Yuka Yoneda. PREFAB FRIDAY：EcoShack's Breezy Summer Shelter［OL］.inhabitat（https：//inhabitat.com/ecoshack-nomad-yurt/）2008.7.

［49］原火工作室，蒙古族建筑师南迪在剑桥大学展示蒙古包改造研究［OL］.今日头条.http：//www.mgl9.com/post/1728.html）2019.1.

［50］Graziano S, Marco I, Federico L, Elisa M, Ilaria P.Architecture for refugees, resilience shelter project：A case study using recycled skis［J］.Procedia Engineering, 2017（180）：1110－1120.

［51］专筑网. 法国惊现六座蒙古包？这其实是个难民营［OL］. 专筑网 .http：//www.iarch.cn/thread−40820−1−1.html.2018.11.

［52］Foster+ Partners，Lunar Habitations［OL］.https：//www.fosterandpartners.com/projects/lunar−habitation/.

［53］Foster+ Partners，Mars Habitations［OL］.https：//www.fosterandpartners.com/projects/mars−habitat/.

［54］NASA. Mars Incubator［OL］.https：//www.marsincubator.com/.

［55］Niall Patrick Walsh. NASA Endorses AI SpaceFactory's Vision for 3D Printed Huts on Mars［OL］. ArchDaily. https：//www.archdaily.com/898901/.

［56］Karissa R. Clouds AO and SEArch Win NASA's Mars Habitat Competition with 3D−Printed Ice House［OL］.ArchDaily.https：//www.archdaily.com/774654/clouds−ao−and−search−wins−nasa−backed−competition−with−3d−printed−ice−house−for−mars?ad_source=search&ad_medium=search_result_all.2015.10.

［57］张海翔.“木兰围场”蒙古包设计［OL］. http：//www.sohu.com/a/212372348_364958.

［58］李兴钢. 元上都遗址工作站［OL］.https：//www.gooood.cn/entrance−for−site−of−xanadu−by−atelier−li−xinggang.htm.

［59］百度百科. 成绩思汗陵百度百科［OL］. 百度百科 .https：//baike.baidu.com/item/%E6%88%90%E5%90%89%E6%80%9D%E6%B1%97%E9%99%B5/5867?fr=aladdin.

［60］中国新闻网. 成吉思汗召金戈铁马入梦来［OL］. 东方. http：//mini.eastday.com/mobile/170802093227405.html#.

［61］阿拉腾敖德. 蒙古族建筑的谱系学与类型学研究［D］. 北京：清华大学，2013.

［62］额尔德木图，张鹏举，白丽燕，扎拉根巴雅尔. 清代宫苑中的穹庐——圆明园含经堂蒙古包研究［J］. 建筑遗产，2018（02）：14−19.

［63］黑鞑事略（蒙文版）［M］. 呼伦贝尔：内蒙古文化出版社，2001.

［64］北京市文物研究所. 圆明园长春园含经堂遗址发掘报告［M］. 北京：文物出版社，2006.

［65］哈·丹碧扎拉桑. 蒙古民俗学（蒙文版）［M］. 呼和浩特：内蒙古教育出版社，1995.

［66］Ferenc Z. Architecture：Nomadic Architecture of Inner Asia［J］. Encyclopaedia of the History of Science, Technology, and Medicine in Non−Western Cultures. 2015.04.11.

［67］中国第一历史档案馆，香港中文大学文物馆. 清宫内务府造办处档案汇编（第

三十卷）［M］. 北京：人民出版社，2007.

　　［68］郝益东. 游牧变迁［M］. 北京：民族出版社，2015.

　　［69］额尔德木图. 蒙古族图典·住居卷［M］. 沈阳：辽宁民族出版社，2017.

　　［70］赤峰摄影. 赤峰市阿鲁科尔沁旗再现传统原生态牧民迁徙壮美景观！［OL］
https：//mp.weixin.qq.com，2018.6.4.

　　［71］道森. 出使蒙古记·鲁布鲁乞东游记［M］. 吕浦，译. 北京：中国社会科学
出版社，1983.

　　［72］凯西·卡麦兹. 建构扎根理论：质性研究实践指南［M］. 边国英，译. 重庆：
重庆大学出版社，2009.

　　［73］F·弗尔达姆. 荣格心理学导论［M］. 刘韵涵，译. 沈阳：辽宁人民出版社，
1988.

　　［74］弗兰普顿. 建构文化研究［M］. 中国建筑工业出版社，2007.

　　［75］汪丽君. 建筑类型学［M］. 天津：天津大学出版社，2011.

　　［76］李云伟. 传统蒙古包建构的现代转译研究［D］. 呼和浩特：内蒙古工业大学，
2018.

　　［77］重阳. 蒙古族风格软装饰在现代室内设计中的应用研究［D］. 2016.

　　［78］白丽燕. 原真性思想下蒙古包住居文化的现代转译［J］. 建筑学报，2017，04.

　　［79］岸本幸臣. 图解住居学［M］. 北京：中国建筑工业出版社，2013.

　　［80］中华人民共和国住房和城乡建设部. 中国传统建筑解析与传承·内蒙古卷
［M］. 北京：中国建筑工业出版社，2016.

　　［81］道森. 出使蒙古记·鲁布鲁乞东游记［M］. 吕浦，译. 北京：中国社会科学
出版社，1983：114.

　　［82］阿摩斯·拉普卜特. 文化特性与建筑设计［M］. 常青，译. 北京：中国建筑
工业出版社，2004.

　　［83］张苇弦. 空间的建构与设计——马特乌斯兄弟作品研究［D］. 南京：东南大
学，2017.

　　［84］张鹏举，白丽燕. 建筑百家谈古论今——地域篇［M］. 北京：中国建筑工业
出版社，2007.

　　［85］王默晗，梅洪元. 基于原真性思想的当代寒地建筑设计策略探析［J］. 建筑学
报学术论文专刊，2015（13）：208.